T0206414

Wissenschaftliche Reihe Fahrzeugtechnik Universität Stuttgart

Herausgegeben von
M. Bargende, Stuttgart, Deutschland
H.-C. Reuss, Stuttgart, Deutschland
J. Wiedemann, Stuttgart, Deutschland

Das Institut für Verbrennungsmotoren und Kraftfahrwesen (IVK) an der Universität Stuttgart erforscht, entwickelt, appliziert und erprobt, in enger Zusammenarbeit mit der Industrie, Elemente bzw. Technologien aus dem Bereich moderner Fahrzeugkonzepte. Das Institut gliedert sich in die drei Bereiche Kraftfahrwesen, Fahrzeugantriebe und Kraftfahrzeug-Mechatronik. Aufgabe dieser Bereiche ist die Ausarbeitung des Themengebietes im Prüfstandsbetrieb, in Theorie und Simulation.
Schwerpunkte des Kraftfahrwesens sind hierbei die Aerodynamik, Akustik (NVH), Fahrdynamik und Fahrermodellierung, Leichtbau, Sicherheit, Kraftübertragung sowie Energie und Thermomanagement – auch in Verbindung mit hybriden und batterieelektrischen Fahrzeugkonzepten.
Der Bereich Fahrzeugantriebe widmet sich den Themen Brennverfahrensentwicklung einschließlich Regelungs- und Steuerungskonzeptionen bei zugleich minimierten Emissionen, komplexe Abgasnachbehandlung, Aufladesysteme und -strategien, Hybridsysteme und Betriebsstrategien sowie mechanisch-akustischen Fragestellungen.
Themen der Kraftfahrzeug-Mechatronik sind die Antriebsstrangregelung/Hybride, Elektromobilität, Bordnetz und Energiemanagement, Funktions- und Softwareentwicklung sowie Test und Diagnose.
Die Erfüllung dieser Aufgaben wird prüfstandsseitig neben vielem anderen unterstützt durch 19 Motorenprüfstände, zwei Rollenprüfstände, einen 1:1-Fahrsimulator, einen Antriebsstrangprüfstand, einen Thermowindkanal sowie einen 1:1-Aeroakustikwindkanal.
Die wissenschaftliche Reihe „Fahrzeugtechnik Universität Stuttgart" präsentiert über die am Institut entstandenen Promotionen die hervorragenden Arbeitsergebnisse der Forschungstätigkeiten am IVK.

Herausgegeben von

Prof. Dr.-Ing. Michael Bargende
Lehrstuhl Fahrzeugantriebe,
Institut für Verbrennungsmotoren und
Kraftfahrwesen, Universität Stuttgart
Stuttgart, Deutschland

Prof. Dr.-Ing. Hans-Christian Reuss
Lehrstuhl Kraftfahrzeugmechatronik,
Institut für Verbrennungsmotoren und
Kraftfahrwesen, Universität Stuttgart
Stuttgart, Deutschland

Prof. Dr.-Ing. Jochen Wiedemann
Lehrstuhl Kraftfahrwesen,
Institut für Verbrennungsmotoren und
Kraftfahrwesen, Universität Stuttgart
Stuttgart, Deutschland

Jürgen-Oliver Pitz

Vorausschauender Motion-Cueing-Algorithmus für den Stuttgarter Fahrsimulator

Jürgen-Oliver Pitz
Stuttgart, Deutschland

Zugl.: Dissertation Universität Stuttgart, 2016

D93

Wissenschaftliche Reihe Fahrzeugtechnik Universität Stuttgart
ISBN 978-3-658-17032-5 ISBN 978-3-658-17033-2 (eBook)
DOI 10.1007/978-3-658-17033-2

Die Deutsche Nationalbibliothek verzeichnet diese Publikation in der Deutschen Nationalbibliografie; detaillierte bibliografische Daten sind im Internet über http://dnb.d-nb.de abrufbar.

Springer Vieweg

Gedruckt auf säurefreiem und chlorfrei gebleichtem Papier

Springer Vieweg ist Teil von Springer Nature
Die eingetragene Gesellschaft ist Springer Fachmedien Wiesbaden GmbH
Die Anschrift der Gesellschaft ist: Abraham-Lincoln-Str. 46, 65189 Wiesbaden, Germany

Vorwort

Die vorliegende Arbeit entstand während meiner Tätigkeit als wissenschaftlicher Mitarbeiter am Institut für Verbrennungsmotoren und Kraftfahrwesen (IVK) der Universität Stuttgart und dem Forschungsinstitut für Kraftfahrwesen und Fahrzeugmotoren Stuttgart (FKFS).

Besonders danke ich Herrn Prof. Dr.-Ing. Hans-Christian Reuss für das Ermöglichen dieser Dissertation und seine Förderung der Arbeit. Prof. Dr.-Ing. Klaus Dietmayer danke ich für die Übernahme des Mitberichtes.

Meinen Kolleginnen und Kollegen der beiden Institute IVK und FKFS danke ich für das angenehme Arbeitsklima und die hervorragende Zusammenarbeit, besonders Herrn Dr.-Ing. Gerd Baumann, Leiter des Bereiches Kraftfahrzeugmechatronik und Software, für das Schaffen von Freiräumen und seine Unterstützung.

Des Weiteren bedanke ich mich bei meinen Kollegen, die ebenfalls am Fahrsimulator tätig sind und waren, für die zahlreichen fachlichen oder weniger fachlichen Gespräche. Ohne deren Einsatz wäre diese Arbeit nicht möglich gewesen.

Zuletzt möchte ich mich bei meiner Familie bedanken. Vor allem danke ich meiner Lebensgefährtin Isabel Dolderer für den ständigen Rückhalt und die grenzenlose Geduld während der Erstellung dieser Arbeit.

Jürgen-Oliver Pitz

Inhaltsverzeichnis

Nomenklatur

Abkürzungen

CAD	*Computer-Aided Design*
DIN	*Deutsches Institut für Normung*
DLR	*Deutsches Zentrum für Luft- und Raumfahrt e. V.*
FF	*Feed Forward (Vorsteuerung bzw. Vorfilter)*
FKFS	*Forschungsinstitut für Kraftfahrwesen und Fahrzeugmotoren Stuttgart*
HMI	*Human-Machine Interface*
HP	*Hochpassfilter*
IMU	*Inertial-Measurement-Unit*
ISO	*International Organization for Standardization*
IVK	*Institut für Verbrennungsmotoren und Kraftfahrwesen der Universität Stuttgart*
LKW	*Lastkraftwagen*
MCA	*Motion-Cueing-Algorithmus*
OEM	*Original Equipment Manufacturer*
PC	*Personal Computer*
PKW	*Personenkraftwagen*
SSQ	*Simulator Sickness Questionnaire*
TP	*Tiefpassfilter*
VTI	*Swedish National Road and Transport Research Institute*

Formelzeichen

$a(t)$	*Beschleunigung* /(m/s^2)
$\bar{a}$	*Mittelwert der Beschleunigung* /(m/s^2)
D	*Dämpfungsmaß*
$D(s)$	*Position/Weg im Bildbereich*
$d(t)$	*Position/Weg* /m
$\bar{d}$	*Differenzenmittelwert*
e	*Fehler*
$F(s)$	*Signal im Bildbereich*

f	*Frequenz* /$(1/s)$
$f(t)$	*Signal im Zeitbereich*
$G(s)$	*Übertragungsfunktion im Bildbereich*
$g(t)$	*Übertragungsfunktion im Zeitbereich*
i	*Index*
k	*Verstärkungsfaktor*
L	*Allgemeine Koordinatentransformation*
N	*Anzahl der Messwerte*
$N_{Prob.}$	*Anzahl der Probanden*
P_1, P_2	*Parameter*
R	*Kurvenradius /m*
r	*Korrelationskoeffizient*
r_{TC}	*Verhältnis der Anteile der Beschleunigung, welche durch die Tilt Coordination dargestellt werden, zur Gesamtbeschleunigung*
$rmsd$	*Wurzel der mittleren quadratischen Abweichung*
S	*Streckenattribut*
s	*Laplace-Variable*
$s_{Strecke}$	*Streckenkoordinate /m*
s_d	*Standardabweichung*
T	*Messzeit /s*
$\mathrm{T}_1, \mathrm{T}_2$	*Filterkonstanten*
t	*Zeit /s*
t_{Test}	*Prüfgröße t-Test*
$U(s)$	*Eingangssignal/Führungsgröße im Bildbereich*
$u(t)$	*Eingangssignal/Führungsgröße im Zeitbereich*
$v(t)$	*Geschwindigkeit* /(m/s)
x, y, z	*Wegkoordinaten /m*
$\dot{x}, \dot{y}, \dot{z}$	*Geschwindigkeiten im Koordinatensystem* /(m/s)
$\ddot{x}, \ddot{y}, \ddot{z}$	*Beschleunigungen im Koordinatensystem* /(m/s^2)
$Y(s)$	*Ausgangssignal im Bildbereich*
$y(t)$	*Ausgangssignal im Zeitbereich*

α	*Signifikanzniveau*
$\underline{\beta}$	*Orientierung des Hexapods (Vektor) /*$([rad \quad rad \quad rad]^T)$
τ	*Zeitliche Verschiebung /s*
φ, θ, ψ	*Orientierung/Winkel im Koordinatensystem /*rad
$\dot{\varphi}, \dot{\theta}, \dot{\psi}$	*Drehraten im Koordinatensystem /*(rad/s)
$\ddot{\varphi}, \ddot{\theta}, \ddot{\psi}$	*Drehbeschleunigungen im Koordinatensystem /*(rad/s^2)
ω_0	*Grenzfrequenz /*(rad/s)

Indizes

$Bew.raum$	*Signal zum Abbremsen der Bewegungsplattform, um den Bewegungsraum einzuhalten*
$Fahrer$	*Fahrerkopf*
$Frzg.$	*Fahrzeug*
FF	*Feed Forward (Vorsteuerung bzw. Vorfilter)*
$filt$	*Gefilterte Größen*
$Hex.$	*Hexapod*
$Interp.$	*Interpolierte Größen*
ist	*Ist-Signal (Ausgangs- oder Messgröße)*
$Rest$	*Übriger Signalanteil zur weiteren Verwendung*
$Sim.$	*Simulator*
$soll$	*Soll-Signal (Eingangsgröße)*
$Spur$	*Position des Fahrzeuges bezogen zur Mitte der Fahrspur*
$stat.$	*Stationäre Größen*
$Straße$	*Straße/Strecke*
$tilt$	*Signalanteil der Tilt Coordination*
$Vorpos.$	*Vorpositionierung (Soll-Position)*
$Washout$	*Signal zum Zurückfahren der Bewegungsplattform in die Ausgangsposition*
XY	*Schlittensystem*
I	*Inertialkoordinaten*

Abbildungsverzeichnis

Tabellenverzeichnis

Kurzfassung

Fahrsimulatoren werden zunehmend bei der Entwicklung von Fahrzeugkomponenten und Assistenzfunktionen eingesetzt. Um Rückschlüsse aus den Untersuchungen in der virtuellen Umgebung für das reale Verhalten ziehen zu können, muss dem Fahrer im Simulator ein möglichst realistischer Fahreindruck geboten werden. An die Nachbildung sämtlicher Informationen werden hohe Anforderungen gestellt. Auch die Reproduktion der Fahrzeugbewegungen und auftretenden Beschleunigungen muss möglichst realitätsnah erfolgen.

Aktuelle Assistenzfunktionen nutzen in einem zunehmenden Maß Informationen aus der Umgebung des Fahrzeuges. Dies sind neben Daten, die über Sensoren erfasst werden, auch Informationen aus digitalen Karten. Algorithmen zur Bewegungssimulation eines Fahrsimulators nutzen häufig die Fahrzeugzustände und nur einzelne Informationen aus der Umgebung. Diese Arbeit hat das Ziel, die Bewegungssimulation durch die Auswertung mehrerer Umgebungsinformationen zu verbessern. Dabei werden, analog zu Assistenzfunktionen, sowohl aktuelle, als auch Informationen über die vorausliegende Strecke verwendet. Aufgrund dieser werden zukünftige Fahrsituationen erkannt und die Simulatorsteuerung entsprechend optimiert.

Neben der Vorstellung des Algorithmus wird auf die Simulationsumgebung sowie auf die Zusammenhänge mit der Dynamik des Bewegungssystems eingegangen. Abgeleitet aus unterschiedlichen Anwendungsfeldern wird der Algorithmus in einer repräsentativen Studie anhand verschiedener Fahrsituationen validiert. Als Referenz wird der Classical-Washout-Algorithmus herangezogen.

Mit dem steigenden Automatisierungsgrad der Fahrzeugführung nehmen auch die Simulatorexperimente mit solchen Funktionen zu. Die vorliegende Arbeit liefert einen Ansatz für einen Algorithmus zur Bewegungssimulation, mit dem die Darstellung der Fahrzeugbewegungen bei solchen Untersuchungen optimiert und somit die Ergebnisse der Studien verbessert werden können.

Abstract

Moving base driving simulators are increasingly integrated into the development process of vehicle components and advanced driver assistance systems. To achieve a sufficient validity between driving simulator experiment and real test drive, the virtual environment has to be as realistic as possible. The requirements for consistent presentation of stimuli the driver needs to control the vehicle are very tough. Therefore the depiction of vehicle behavior and vehicle motion has to be as close as possible to reality within the limited motion space of a driving simulator.

Safety systems use information from the environment of the vehicle more and more frequently. This information is measured by sensors or provided by a digital map. Most motion cueing algorithms use vehicle conditions and only a small number of data from the environment to control the motion of a driving simulator. The objective of this survey is to improve the motion simulation by using a large number of environmental information. Similar to assistance systems, current data and information about the route ahead is analyzed. Based on this data, future driving situations are predicted and the control of the simulator is optimized for these situations.

In addition to the presentation of the algorithm the interdependencies between simulation environment and dynamic behavior of the motion platform is discussed. Based on the requirements of different fields of applications, the algorithm is used and validated within a representative study, containing various driving situations. The classical washout algorithm is used as reference technique.

With the growing number of assistance systems, which partly assume or support the guidance of the vehicle, the number of driving simulator experiments to investigate such functions increases. To improve the results of these simulator experiments, the provided motion cueing approach optimizes the rendering of vehicle motion for this field of application.

1 Einleitung

Das Automobil unterliegt einer stetigen Weiterentwicklung mit dem Ziel, eine sichere und komfortable Mobilität zu gewährleisten. Demgegenüber stehen gesteigerter Kostendruck und Wettbewerb, der zu Einsparungen bei der Entwicklung neuer Fahrzeugkomponenten führt. Gleichzeitig muss die steigende Komplexität beherrscht werden. Mit den wachsenden Möglichkeiten der virtuellen Entwicklung von Softwareanteilen und der Modellierung dynamischer Systeme verschiebt sich die Fahrzeugentwicklung zunehmend weg vom Prototypenbau und Test auf der Straße, hin zur simulationsbasierten Entwicklung von Fahrzeugkomponenten [1].

In der Konstruktionstechnik haben sich dazu bereits seit einigen Jahren CAD-Umgebungen zur virtuellen Auslegung und fertigungstechnischen Vorbereitung von Bauteilen etabliert [2]. Auch in der Softwareentwicklung hat sich der Rapid-Prototyping-Ansatz[1] weitestgehend durchgesetzt. Dabei ist es möglich, einen durchgehenden Entwicklungsprozess vom Simulationsmodell hin zu steuergerätetauglicher Software sicherzustellen.

Durch die gesteigerten Rechnerleistungen wird es zunehmend möglich, komplexe dynamische Zusammenhänge mit geringem Aufwand modellieren und simulieren zu können. Dadurch ergeben sich auch für die Fahrzeugtechnik neue Entwicklungsmöglichkeiten. Viele Fahrzeughersteller entwickeln seit mehreren Jahren Modelle, die das gesamte Fahrzeugverhalten nachbilden. Zusätzlich zu den OEM-spezifischen Simulationswerkzeugen entsteht ein Markt mit kommerziellen Werkzeugen zur Fahrzeugsimulation. Diese Werkzeuge sind für Zulieferer interessant, die das Verhalten der von ihnen verantworteten Komponente in einem Gesamtfahrzeug testen müssen. [3]

Durch diese Möglichkeiten können sowohl Komponenten eines Fahrzeuges, wie Fahrwerksteile, ausgelegt als auch Assistenzfunktionen mit Eingriff in

[1] Frühzeitige Entwicklung von Prototypen zur Erhebung und Überprüfung von Anforderungen [3].

die Fahrzeugsteuerung entwickelt werden. Analysen und Bewertungen werden anhand von simulativ erhobenen Messdaten vorgenommen. Dazu werden Vergleiche mit einem vorgegebenen Fahrzeugverhalten angestellt oder ein Fahrermodell verwendet, welches einem bestimmten Fahrertyp in guter Näherung entspricht. Testfahrten und Probandenversuche verschieben sich auf einen späteren Zeitpunkt im Entwicklungsprozess, wenn ein entsprechender Prototyp vorliegt. Die entstehende Lücke zwischen virtueller Entwicklung und dem realen Fahrversuch schließen Fahrsimulatoren, da sie die Interaktion mit den betrachteten Komponenten oder Systemen bereits in frühen Entwicklungsphasen ermöglichen. Diese Untersuchungsmöglichkeiten führen zu einer immer größeren Verbreitung von Fahrsimulatoren in der Industrie (siehe z. B. [4,5,6]) und bei Forschungseinrichtungen (z. B. [7,8,9]) in der Fahrzeugtechnik.

Fahrsimulatoren werden für unterschiedliche Untersuchungen eingesetzt. Dabei werden Studien durchgeführt, die dazu dienen, das Fahrerverhalten zu analysieren oder Methoden für eine bessere Ansteuerung von Simulatoren zu entwickeln, um diese besser nutzen zu können. Die Ergebnisse zeigen, wie die Wahrnehmung von Situationen in der virtuellen Welt mit der realen Umgebung korreliert und ggfs. verbessert werden kann [10,11,12].

Simulatoren werden darüber hinaus als Werkzeug für die visuelle Darstellung verwendet. Dies umfasst Themen wie die Gestaltung des Fahrzeuginnenraumes oder eingeschränkte bzw. veränderte Sichtbedingungen während der Fahrt [13,14]. Häufig werden für diese Untersuchungen 3D-Visualisierungen herangezogen.

In der Fahrzeugentwicklung dienen Simulatoren als Werkzeug für die Auslegung der Fahrdynamik von PKW und LKW sowie als Testwerkzeug für HMI-Elemente oder zur Simulation von potenziell gefährlichen Situationen, wie Unfallschwerpunkten [15]. Fahrerassistenzsysteme können ebenfalls in ihrer Interaktion mit dem Fahrer betrachtet werden. Dies sind z. B. Systeme für die aktive Fahrzeugsicherheit oder zur Optimierung des Verbrauches [16,17]. Mit der zunehmenden Automatisierung der Fahrzeugführung, finden auch solche Systeme in Simulatoren vermehrt Anwendung und Fahrsimulatoren werden für die Verwendung in Kombination mit diesen Systemen ertüchtigt [18].

1.1 Motivation

Fahrfunktionen, die die Fahrzeugführung teilweise oder in definierten Fahrsituationen übernehmen, finden zunehmend Verwendung in Fahrzeugen. Solche Systeme analysieren die aktuelle Fahrsituation, den Zustand von Fahrer und Fahrzeug sowie die vorausliegende Stecke und greifen entsprechend in die Fahrzeugführung ein. Dies kann bspw. die Regelung der Fahrgeschwindigkeit als Reaktion auf ein vorausfahrendes Fahrzeug sein, oder eine Notbremsung aufgrund einer gefährlichen Situation.

Neben Informationen, die das Fahrzeug betreffen, wie z. B. die aktuelle Geschwindigkeit, sind diese Systeme auf Daten angewiesen, die aus der Fahrzeugumgebung stammen. Dies sind zum einen Daten, die über Sensoren wie bspw. Radarsysteme erfasst werden können, zum anderen Informationen aus digitalen Karten. Kartendaten sind besonders für Systeme wichtig, die die Fahrzeugführung aufgrund vorausliegender Situationen optimieren [19, 20, 21].

Für den Test solcher Funktionen, die teilweise in kritischen Fahrsituationen agieren, ist ein Fahrsimulator prädestiniert. Dieser bietet reproduzierbare und sichere Testbedingungen. Bei einem Experiment im Simulator sind sämtliche Umgebungselemente in der Simulatorinfrastruktur vorhanden. Diese werden am Stuttgarter Fahrsimulator den zu untersuchenden Assistenzfunktionen während der Laufzeit über verschiedene Datenbasen übermittelt. Dies betrifft sowohl Daten, die über Sensorik erfasst werden können, wie bspw. andere Verkehrsteilnehmer, als auch den Verlauf der weiteren Strecke und deren Attribute, wie sie aus Kartendaten bezogen werden können. Dadurch sind die Grundlagen für die beschriebenen Einsatzgebiete geschaffen.

Für die Generierung eines realistischen Fahreindruckes, werden in einem bewegten Fahrsimulator neben der visuellen und akustischen Kulisse auch die Fahrzeugbewegungen und -beschleunigungen reproduziert. Dazu wird das Bewegungssystem über den Motion-Cueing-Algorithmus angesteuert. Klassische Motion-Cueing-Algorithmen nutzen allein die Informationen aus der Fahrzeugsimulation. Ansätze, die einzelne Daten auswerten, welche das Fahrzeug in Korrelation mit seiner Umgebung setzen, liefern gute Ergebnisse für die Bewegungssimulation (siehe Kapitel 5.1). Durch die Optimierung der Infrastruktur des Stuttgarter Fahrsimulators steht eine große Anzahl an Informationen zur Fahrzeugumgebung sowie über die vorausliegende Strecke zur Verfügung. Mithilfe dieser Informationen können Rückschlüsse auf die zu erwartenden Fahrzeugreaktionen gezogen werden. Mit höherem Grad der Automatisierung der Fahrzeugführung steigt die Vorhersagequalität zunehmend. Die berechnete, auf die Strecke optimierte Fahrzeugsteuerung dominiert, und der Einfluss des Fahrstils des Fahrers nimmt ab.

Die vorliegende Arbeit stellt einen Ansatz für die Ansteuerung eines Bewegungssystems vor, welcher auf die Umgebungsdaten zugreift und vorausliegende Fahrsituationen auswertet. Die bisher in der Literatur verwendeten Umgebungsinformationen werden hierzu um zusätzliche Daten erweitert (siehe Kapitel 5.1). Es wird untersucht, welche Potenziale in der Verwendung dieser Daten zur weiteren Optimierung der Bewegungsdarstellung liegen. Dazu wird der Algorithmus in einer repräsentativen Studie im Stuttgarter Fahrsimulator angewendet und objektive sowie subjektive Kriterien erhoben und ausgewertet.

1.2 Aufbau der Arbeit

Im zweiten Kapitel werden die Grundlagen eingeführt, welche im weiteren Verlauf der Arbeit aufgegriffen werden. Dazu gehören Methoden des Motion Cueings sowie die menschliche Bewegungswahrnehmung.

Im Anschluss werden Anwendungen analysiert, für die Fahrsimulatoren eingesetzt werden. Aus den Zielvorgaben leiten sich Anforderungen an die Ansteuerung des Bewegungssystems ab. Es wird eine Struktur für die Ansteuerung eingeführt, die es ermöglicht, die Anforderungen bestimmten Bestandteilen zuzuordnen. Diese Elemente werden in den darauf folgenden Kapiteln 4 und 5 aufgegriffen.

In Kapitel 4 werden Optimierungen besprochen, die der Bewegungsplattform zugeordnet werden können. Diese betreffen das Übertragungsverhalten der Anlage sowie die Nutzung des zur Verfügung stehenden Arbeitsraumes. Die Ergebnisse bilden die Basis für den vorausschauenden Motion-Cueing-Algorithmus, der diese verwendet.

Der vorausschauende Algorithmus wird in Kapitel 5 vorgestellt. Es werden die in der Fahrsimulatorumgebung verfügbaren Daten analysiert und deren Potenziale abgeschätzt. Die Auswertung der Informationen und Vorausschau von Fahrsituationen sowie die Realisierung der Bewegungssimulation stellen den zentralen Teil des Kapitels dar. Abschließend wird der Algorithmus in die Gesamtstruktur der Simulatorsteuerung eingeordnet.

Kapitel 6 behandelt die Analyse des prädiktiven Ansatzes. Dazu wird eine repräsentative Probandenstudie vorgestellt. Anhand gemessener Signale und durch Befragung der Probanden wird das Potenzial des Algorithmus diskutiert.

Eine abschließende Zusammenfassung sowie ein Ausblick auf folgende Aktivitäten findet in Kapitel 7 statt.

2 Stand der Technik und Grundlagen

Der steigende Innovationsgrad in der Fahrzeugtechnik führt zunehmend zu komplexen und verteilten Systemen. Es werden verstärkt Komponenten von verschiedenen hochspezialisierten Partnern zu einem Gesamtsystem integriert. Daher gewinnen Integration und Test verteilter Systeme zunehmend an Bedeutung. [22]

Neben Werkzeugen, die es ermöglichen mit White- oder Blackbox-Tests[2] [23] Software zu überprüfen, können in einem Fahrsimulator Untersuchungen in einer realitätsnahen Umgebung unter Einbindung des Fahrers durchgeführt werden.

Dieses Kapitel gibt einen Überblick, welche technologischen und physikalischen Möglichkeiten bestehen, um das Potenzial eines Fahrsimulators als Entwicklungswerkzeug nutzen zu können. Dabei wird neben verschiedenen Bauformen von Fahrsimulatoren auf deren Wirkung bezüglich menschlicher Wahrnehmung, regelungstechnische Hintergründe sowie klassische Ansätze zur Ansteuerung von Bewegungsplattformen eingegangen.

2.1 Fahrsimulatoren

2.1.1 Entwicklung dynamischer Simulatoren

Der Einsatz von Simulatoren, die eine Interaktion des Menschen mit einem dynamischen System ermöglichen, ist in der Flugbranche am weitesten verbreitet. Die erste Anlage, welche als Flugsimulator bezeichnet werden kann, ist ein Gerät zum Training im Umgang mit einem Eindecker des französi-

---

[2] Modelle mit unterschiedlichem Detailierungsgrad der Information über die zu untersuchende Komponente [22].

schen Flugzeugherstellers Antoinette (ca. 1910) [24]. Getrieben durch den ersten Weltkrieg wurden weitere Trainingsgeräte entwickelt. In Deutschland stand auf dem Militärflughafen Döberitz nahe Berlin ab ca. 1915 eine Anlage zur Ausbildung von hinter dem Piloten sitzendem Personal. Durch das Training im Simulator sollte die Gefahr des aus der Maschine geschleudert Werdens bei unerwarteten Flugzeugbewegungen minimiert werden [25]. Ab ca. 1930 konnte mit dem Link-Trainer die Pilotenausbildung mit einem Simulator signifikant unterstützt werden [26]. Dieser konnte mit einem vakuumbetriebenen System Eindrehen, Steigen und Sinken von Flugzeugen nachbilden und verfügte über eine geschlossene Kabine, womit das Trainieren des Instrumentenfluges möglich wurde.

Mit der fortschreitenden Verbesserung der Technologie werden Flugsimulatoren zunehmend auch in der zivilen Luftfahrt eingesetzt. Teile der Pilotenausbildung und Schulungen für neue Flugzeugtypen finden heute in Simulatoren statt. Darüber hinaus wird das Kabinenpersonal auf Ernstfälle in bewegten Simulatoren vorbereitet [27] sowie Astronauten mit Simulatoren auf die hohen auftretenden Beschleunigungen bei einem Raumflug vorbereitet [28]. Diese Technologie wird ebenfalls für Jet-Piloten angewandt.

Neben den erwähnten Anwendungen aus Luftfahrt und Militär diffundierten bewegte Simulatoren in weitere Branchen, wie bspw. in die Schifffahrt [29] und in die Fahrzeugbranche.

Als erster bewegter Fahrsimulator kann der Volkswagen Fahrsimulator bezeichnet werden, welcher 1974 in Betrieb ging [30]. Mitte der achtziger Jahre nahmen Daimler und VTI als erste Forschungseinrichtung ihre bewegten Fahrsimulatoren in Betrieb [4,31]. Fahrsimulatoren setzen sich in den letzten Jahren mehr und mehr durch, aktuell sind weltweit ca. zwölf high-level Systeme[3] in Betrieb. Eine Auflistung findet sich in [32]. Durch verschiedene Ausbaustufen und Komplexitäten und ein breites Spektrum von Einsatzgebieten steigt deren Zahl weiter. Neben der Forschung und Entwicklung von Fahrzeugen werden diese inzwischen auch von der Unterhaltungsindustrie

[3] Simulatoren mit großem linearen Bewegungsraum [34].

als Komplettsystem, z. B. zu Demonstrationszwecken für Kunden oder als aufwändige Rennsimulation, verkauft [33].

2.1.2 Bauformen und Beispiele

Ausgehend von den oben beschriebenen Entwicklungen sind unterschiedliche Bauformen von Bewegungsplattformen entstanden. Dabei gibt es verschiedene Konzepte sowie Derivate dieser, welche sich in Größe und Dynamikmöglichkeiten unterscheiden. Getrieben werden diese Unterschiede hauptsächlich von geplanten Anwendungen sowie durch die zur Verfügung stehenden Platz- und Budgetverhältnisse.

Die am weitesten verbreitete Bauform eines Bewegungssystems basiert auf der parallelkinematischen Form des Hexapoden-Prinzips. Diese Systeme gehen auf die von Eric Gough für die Dunlop Rubber Co. entwickelte Testeinrichtung für Flugzeugreifen zurück. Für die Positionierung der Plattform bietet dieser sechs Freiheitsgrade. Ab den 1960er-Jahren wurde von Klaus Cappel und Edward Steward der Hexapod als Bewegungsplattform für Flug- und Helikoptersimulatoren eingesetzt [35]. Der Hexapod ist in der Flugbranche nach wie vor die am weitesten verbreitete Bewegungsplattform.

Hexapoden als Baumuster finden sich in verschiedenen Varianten und Größen an vielen Entwicklungszentren und Forschungseinrichtungen in der Automobilbranche. Der Dynamische Fahrsimulator der BMW Group [36], der Dynamische DLR-Fahrsimulator SimCar [37,38] und der Cruden Hexatech F1 Simulator [39] seien an dieser Stelle beispielhaft genannt.

Während die Bewegungsmöglichkeiten eines Hexapods für die Roll-, Nick- und Hubbewegungen von Fahrzeugen meist ausreichen, kommt er bei den auftretenden linearen Längs- und Querbeschleunigungen sowie der Gierbewegung häufig an seine Grenzen. So wird bspw. bei einem Spurwechsel in der Realität ein großer Weg in Fahrzeugquerrichtung zurückgelegt, welchen ein Hexapod nicht erreichen kann. Daher werden Hexapoden häufig durch Schlittensysteme erweitert, um einen größeren linearen Arbeitsraum zu ermöglichen.

Bei Abbiegevorgängen ändert sich die Bewegungsrichtung des Fahrzeuges signifikant. Um hier Verbesserungen zu erzielen, werden zusätzliche Giertische an Hexapoden installiert. Der dynamische Fahrsimulator der Daimler AG verfügt bspw. über eine zusätzliche hochdynamische Schiene. Diese kann durch einen stationären 90°-Giertisch innerhalb des Domes entweder für Längs- oder Querbeschleunigungen genutzt werden [40,41]. Der Toyota Fahrsimulator verfügt dagegen sowohl über ein XY-Schlittensystem als auch über einen Giertisch, welcher während der Simulation verwendet werden kann [42].

Neben den oben beschriebenen Möglichkeiten lassen sich Erweiterungen des linearen Arbeitsbereiches sowie des Gierwinkels auch durch Kombination eines Hexapods mit einem Tripod erzielen. Die Firma VI-Grade hat ein solches System entwickelt. Beide Bewegungssysteme sind hochdynamisch und ermöglichen die Simulation eines Fahrzeuges im Grenzbereich [43].

Neben dem Einsatz von Hexapoden werden auch andere Arten von Bewegungssystemen zur Fahrsimulation verwendet. Diese Simulatoren dienen dabei nicht ausschließlich der Fahrsimulation, sondern werden auch für andere Forschungs- und Entwicklungsaktivitäten eingesetzt. Stellvertretend für die zunehmende Zahl an Industrierobotern sei an dieser Stelle der CyberMotion Simulator des Max-Planck-Instituts für biologische Kybernetik genannt. Dieses System wurde um zwei weitere Freiheitsgrade ergänzt und wird u. a. zur Grundlagenforschung auf dem Gebiet der Bewegungswahrnehmung eingesetzt [44].

Ein System, welches eine neue Art von Bewegungsplattform durch Ausnutzen des Prinzips einer Zentrifuge in Kombination mit mehreren linearen Freiheitsgraden und einer kardanischen Aufhängung nutzt, ist der Desdemona-Simulator. Dieses System wird neben der Fahrsimulation auch für militärische und zivile Flugsimulation, Raumfahrttraining sowie als Schiffssimulator eingesetzt [45].

Die bisher beschriebenen Bewegungssysteme dienen hauptsächlich der Darstellung von vergleichsweise niederfrequenten und großen Fahrzeugbewegungen. Darüber hinaus entstehen, bspw. durch Fahrbahnanregungen, auch höherfrequente Anteile. Diese werden häufig durch Shaker oder weitere Aktuatoren als zusätzliche Freiheitsgrade nachgebildet. Der National Advanced Driving Simulator in Iowa kann zusätzlich das in der Simulatorkuppel befindliche Fahrzeug an den vier Aufnahmepunkten um 0,5 cm bewegen [46]. Einfacher und nachrüstbar ist dagegen die Lösung mit einem Shaker im Fahrzeug, z. B. im Bereich des Fahrersitzes.

An den beschriebenen Beispielen wird deutlich, dass sich die Simulation eines Fahrzeuges unter Interaktion mit dem Fahrer zunehmend durchsetzt. Dabei entwickeln sich zum Teil völlig unterschiedliche Ansätze von Bewegungsplattformen. Die Systeme werden auch während ihres Betriebes fortwährend weiterentwickelt und erweitert.

2.1.3 Der Stuttgarter Fahrsimulator

Der in Abbildung 2.1 dargestellte Stuttgarter Fahrsimulator wurde 2012 in Betrieb genommen. Er wurde in Zusammenarbeit von FKFS und der Universität Stuttgart mit Unterstützung des Bundesministeriums für Bildung und Forschung sowie des Ministeriums für Wissenschaft, Forschung und Kunst Baden-Württemberg errichtet. Bei der Auslegung des Stuttgarter Fahrsimulators lag der „sportliche Normalfahrer", dessen genutztes Spektrum von Längs- und Querbeschleunigungen in einer Probandenstudie ermittelt wurde, im Fokus [47]. Aufgrund dieser Auslegung können mit dem Stuttgarter Fahrsimulator verschiedenste Anwendungen untersucht werden.

Abbildung 2.1: Außen- und Innenansicht des Stuttgarter Fahrsimulators

Bei der Konzeption des Simulators wurde großer Wert auf Flexibilität und Modularität gelegt. So ist es nun möglich, sowohl Soft- als auch Hardwarekomponenten des Simulators auszutauschen und diese im neuen Verbund zu betreiben. Auf einige Teilsysteme wird an dieser Stelle eingegangen.

Das Visualisierungssystem des Simulators besteht aus insgesamt zwölf Kanälen. Mit neun Projektoren wird eine durchgehende 240° Frontprojektion erzeugt, jeweils ein Bildkanal wird für die Darstellung der Rückspiegelansichten verwendet. Eine am Institut entwickelte Geräuschsimulation stellt die Eigengeräusche des Fahrzeuges sowie die Umgebungskulisse nach. Zur Geräuschpositionierung werden Lautsprecher innerhalb des Fahrzeuges und der Kuppel verwendet.

Die aus Kohlefaser- und Aluminium-Verbundwerkstoffen bestehende Simulatorkuppel bietet mit einem Durchmesser von $5{,}4\ m$ Platz für ein vollständiges Fahrzeugmockup. Dieses Mockup kann über eine Fahrzeugwechseleinrichtung ausgetauscht werden. Um eine schnelle Inbetriebnahme zu gewährleisten, werden standardisierte elektrische und mechanische Schnittstellen genutzt. Die umgebauten Fahrzeuge verfügen über verschiedene Module, wie z. B. haptische Aktuatoren [48] und verschieden ausgelegte Lenkungssimulationen.

Das Bewegungssystem besteht aus einem XY-Schlittensystem und einem darauf installierten Hexapod. Der Aufbau entspricht somit dem oben beschriebenen Prinzip der Erweiterung des linearen Arbeitsraumes. Das Gesamtsystem verfügt über eine Nutzlast von $4\ t$. Die dynamischen sowie statischen Grenzen des Systems sind in Tabelle 2.1 angegeben [49].

Die Simulationsumgebung des Simulators stellt permanent Daten des Fahrzeuges, dessen aktueller Umgebung und Daten für die vorausliegende Strecke bereit. Auf dem standardisierten OpenDRIVE [50] Format beruht die Streckenbeschreibung. Die Vorausschaudaten werden diskret über dem Streckenverlauf angegeben. Eine Beschreibung der beiden Formate erfolgt in Kapitel 5.1.

Tabelle 2.1: Statische und dynamische Grenzen des Bewegungssystems [51]

Teilsystem	Freiheitsgrad	Bewegungsraum		Geschwindigkeit	Beschleunigung
XY-Schlitten	x_{XY}	$5\,m$	$-5\,m$	$\pm 2{,}0\ m/s$	$\pm 5\ m/s^2$
	y_{XY}	$3{,}5\,m$	$-3{,}5\,m$	$\pm 3{,}0\ m/s$	$\pm 5\ m/s^2$
Hexapod	$x_{Hex.}$	$0{,}538\,m$	$-0{,}453\,m$	$\pm 0{,}5\ m/s$	$\pm 5\ m/s^2$
	$y_{Hex.}$	$0{,}445\,m$	$-0{,}445\,m$	$\pm 0{,}5\ m/s$	$\pm 5\ m/s^2$
	$z_{Hex.}$	$0{,}368\,m$	$-0{,}387\,m$	$\pm 0{,}5\ m/s$	$\pm 6\ m/s^2$
	$\varphi_{Hex.}$	$18\,°$	$-18\,°$	$\pm 30{,}0\ °/s$	$\pm 90\ °/s^2$
	$\theta_{Hex.}$	$18\,°$	$-18\,°$	$\pm 30{,}0\ °/s$	$\pm 90\ °/s^2$
	$\psi_{Hex.}$	$21\,°$	$-21\,°$	$\pm 30{,}0\ °/s$	$\pm 120\ °/s^2$

2.2 Fahrzeugsimulation

Aufgrund der verschiedenen Anwendungsfelder für die Fahrdynamiksimulation stehen unterschiedliche Konzepte zur Verfügung. Dabei kann vor allem die Komplexität des Modells stark variieren. Stehen globale Eigenschaften eines Fahrzeuges im Fokus, wie bspw. die Reaktion auf Seitenwind, können mit einem einfachen Modellansatz, wie einem erweiterten Einspurmodell, bereits gute Ergebnisse erzielt werden [52]. Der Vorteil solcher Modelle liegt darin, dass auch zur Modellidentifikation weniger Parameter bekannt sein müssen als zur Auslegung eines komplexeren Modells. Ein solches kommt zum Einsatz, wenn Untersuchungen auf Bauteilebene durchgeführt werden. Hier werden zweispurige Mehrmassenmodelle aufgebaut, die eine detailgenaue Abbildung von Achsen, Antrieb und Lenkung bis hin zu vernetzten Systemen im Fahrzeug ermöglichen [53]. Die Parametrierung eines komplexen Fahrdynamikmodells erfordert einen erhöhten Systemidentifikationsaufwand. So ist es meist notwendig, Teilsysteme eines Fahrzeuges getrennt zu identifizieren und diese dann im Gesamtmodell zu integrieren.

Daraus wird deutlich, dass eine genaue Systemkenntnis des betrachteten Fahrzeuges notwendig ist. Die Verwendung von solch komplexen Modellen, welche das gesamte Fahrzeugverhalten abbilden, begann daher bei den Fahrzeugherstellern selbst. Die meisten OEMs verfügen inzwischen über eigene Fahrdynamikmodelle. Da viele Fahrzeugkomponenten inzwischen auch komplett von Zulieferern entwickelt und gefertigt werden, steigt die Bedeutung der Fahrzeugsimulation ebenso für diese Unternehmen. Da die Eigenentwicklung eines solchen umfassenden Modells sehr aufwändig ist, hat sich mittlerweile ein Markt für Fahrdynamiksimulationssoftware (siehe bspw. [54,55]) gebildet. Letztlich entscheidet der Einsatzzweck, welches Modell mit welchem Komplexitätsgrad am Fahrsimulator eingesetzt wird.

2.2.1 Einsatz im Simulator

Modelle für die Fahrzeugsimulation werden für ein großes Spektrum an Entwicklungsaufgaben herangezogen. Dazu werden Modelle erstellt, die verschiedene Fahrzeugtypen widerspiegeln. Mit diesen ist es möglich, einzelne Komponenten des Fahrzeuges, Antriebsstränge unterschiedlicher Konfiguration sowie Fahrdynamik- oder Aerodynamikfragestellungen zu betrachten.

Solche Fahrzeugmodelle werden häufig in einer Simulationsumgebung betrieben, die es ermöglicht, das Fahrzeug definierte Manöver ausführen zu lassen. In diese Manöver können auch Umgebungsbedingungen, wie die Oberflächenbeschaffenheit der Straße, integriert werden. Dies ermöglicht eine Bewertung der Fahreigenschaften aufgrund der erhobenen Daten aus der Simulation.

Um auch Systeme zu testen, die in die Fahrzeugführung eingreifen, können solche Funktionen über Schnittstellen an die Modelle angebunden werden. Dabei kann auch Hardware zum Einsatz kommen, welche dann mit dem Simulationsmodell interagiert und somit als Hardware in the Loop in die Untersuchung integriert wird.

In einem Fahrsimulator bildet das Fahrzeugmodell die zentrale Schnittstelle zwischen Fahrer und Simulatorumgebung. Für den Einsatz in einer Untersuchung im Simulator werden, wie oben beschrieben, vorab Untersuchungen mit dem Fahrzeugmodell durchgeführt. Nach der entsprechenden Auslegung des Modells wird dieses in der Umgebung des Simulators integriert. Dadurch wird ein durchgehender Prozess von der Fahrzeugsimulation zum interaktiven Test im Simulator gewährleistet.

2.2.2 Simulation in Echtzeit

Unabhängig vom Einsatzzweck ist die Simulation des Fahrzeugmodells in Echtzeit essenziell. Da der Mensch das Fahrzeugmodell steuert, muss dieser immer in definierten Zeitschritten über den Fahrzeugzustand Rückmeldung bekommen. Gelingt dies nicht, können Sprünge oder Verzögerungen auftreten, die als nicht realistisch wahrgenommen werden.

Die Anforderung der Echtzeitfähigkeit stellt vor allem für komplexe Modelle eine Herausforderung dar. Hier stellt sich die Frage nach der geeigneten Zielhardware und der Kompatibilität mit der genutzten Software. Dabei können für selbst entwickelte Modelle auch vergleichsweise günstige Echtzeitbetriebssysteme [56] oder Open-Source-Linuxlösungen zum Einsatz kommen. Diese sind meist bereits auf einem handelsüblichen PC lauffähig. Darüber hinaus ist Echtzeithardware, die spezifisch für Fahrdynamikmodelle [57] angeboten wird oder aus dem Rapid-Protoyping-Bereich [58] stammt, verfügbar. Bei dem Übergang von der Offline-Simulation zur Echtzeitvariante ist auf die Konsistenz der beiden Varianten zu achten (siehe Kapitel 2.2.1).

Die Software Matlab der Firma The MathWorks beinhaltet eine Echtzeitplattform in Form der Toolbox Simulink Realtime [59] bzw. ihrem Vorgänger xPC. Diese wird in der Version 5.1 für den hier beschriebenen Motion-Cueing-Algorithmus verwendet.

Neben der Fahrzeugsimulation gilt die Echtzeitanforderung für praktisch alle im Simulator vorhandenen Systeme. Dabei wird stets versucht, die Systemlaufzeit der Simulationsumgebung so gering wie möglich zu halten.

2.3 Bewegungswahrnehmung

Um Fahrzeugbewegungen durch ein Bewegungssystem mit begrenztem Arbeitsraum für den Menschen realitätsgetreu nachbilden zu können, ist die Kenntnis der grundlegenden Wahrnehmungsmechanismen des Menschen notwendig. Der Mensch nutzt zur Wahrnehmung von Veränderungen in der Umwelt und im Körperinnern verschiedene einzelne Sinneszellen oder komplexe Sinnesorgane [60].

Abbildung 2.2 zeigt die Wirkkette der menschlichen Informationsverarbeitung. Ein durch die Umwelt auf den Menschen einwirkender Reiz wird von einem oder mehreren Rezeptoren eines Sinnesorganes aufgenommen. Dieses leitet die Information an das Gehirn weiter. Das Gehirn verarbeitet die aufgenommene Information, vergleicht diese ggfs. mit Gelerntem und löst eine entsprechende Reaktion eines Körperteils oder eines anderen Organes aus.

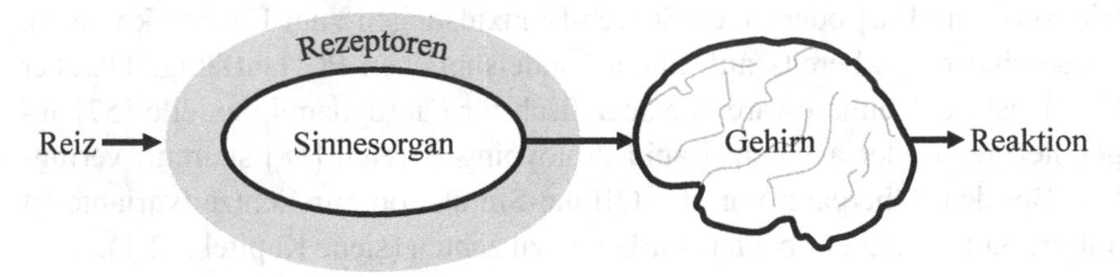

Abbildung 2.2: Wirkkette der menschlichen Informationsverarbeitung

Der Mensch verfügt zur Aufnahme von Reizen über eine Vielzahl von Sinnesorganen, welche zu sensorischen Systemen zusammengefasst werden [61]. In Abbildung 2.3 sind die für diese Arbeit relevanten Systeme mit zugeordneten Organen sowie deren Sensoren, Funktionen und Wirkungen dargestellt.

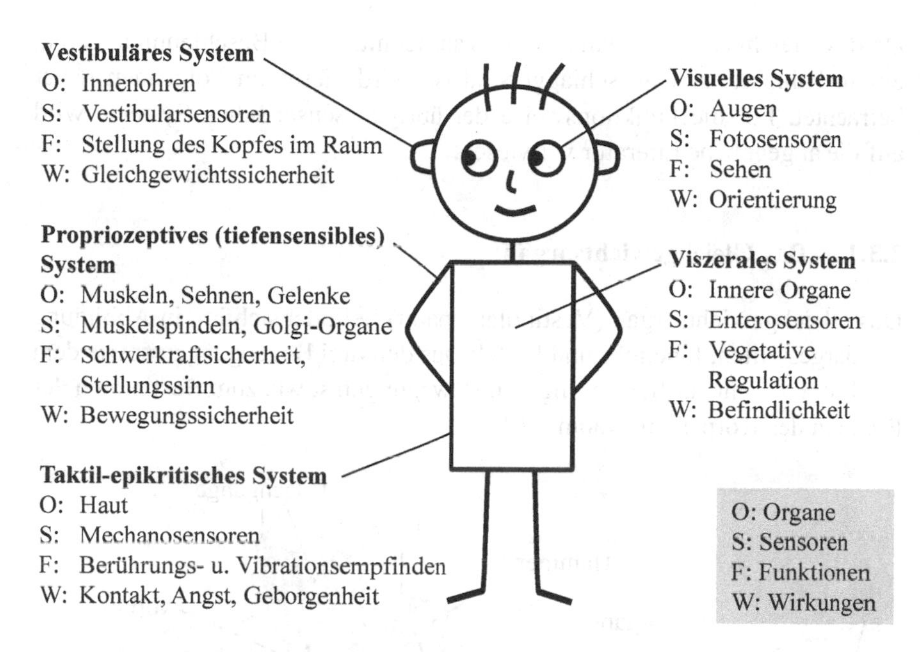

Abbildung 2.3: Sensorische Systeme zur Wahrnehmung und Verarbeitung [61]

Um eine Bewegung des Körpers feststellen zu können, werden die Signale der dargestellten Organe im Gehirn fusioniert. Erst durch die Gesamtheit der Signale kann eine Bewegung des Körpers festgestellt werden. Um in einem Simulator einen entsprechenden Eindruck zu erzeugen, müssen die wiedergegeben Reize daher konsistent sein. Ist dies nicht der Fall, kann ein falscher Bewegungseindruck entstehen oder Unwohlsein auftreten (vgl. Kapitel 2.3.2). Neben den Systemen zur Wahrnehmung der Körperstellung und der Eigenbewegung ist daher auch das viszerale System von Bedeutung. Überwiegt bei einem Probanden ein Gefühl von Angst oder Unwohlsein, kann sich dieser nicht mehr auf die gestellte Aufgabe konzentrieren und der Versuch erzeugt keine sinnvollen Ergebnisse.

Neben den aufgeführten Systemen werden auch Temperaturen, Geräusche, Gerüche und Geschmäcker wahrgenommen. Lediglich die Geräuschkulisse in einem Simulator hat Einfluss auf das Geschwindigkeitsempfinden. Dieses wird in dieser Arbeit jedoch nicht weiter betrachtet.

Da das Gleichgewichtsorgan für die Wahrnehmung von Beschleunigungen in einem Fahrsimulator ausschlaggebend ist, wird dieses im Folgenden näher betrachtet. Für die Funktionsweise der übrigen sensorischen Systeme wird auf die angegebene Literatur verwiesen.

2.3.1 Das Gleichgewichtsorgan

Das Gleichgewichtsorgan (Vestibularapparat) befindet sich im, in Abbildung 2.4 dargestellten, Innenohr und besteht aus den drei Bogengängen sowie dem Vorhof. Es dient zur Sensierung von Bewegungen sowie zum Bestimmen der Position des Körpers im Raum [60].

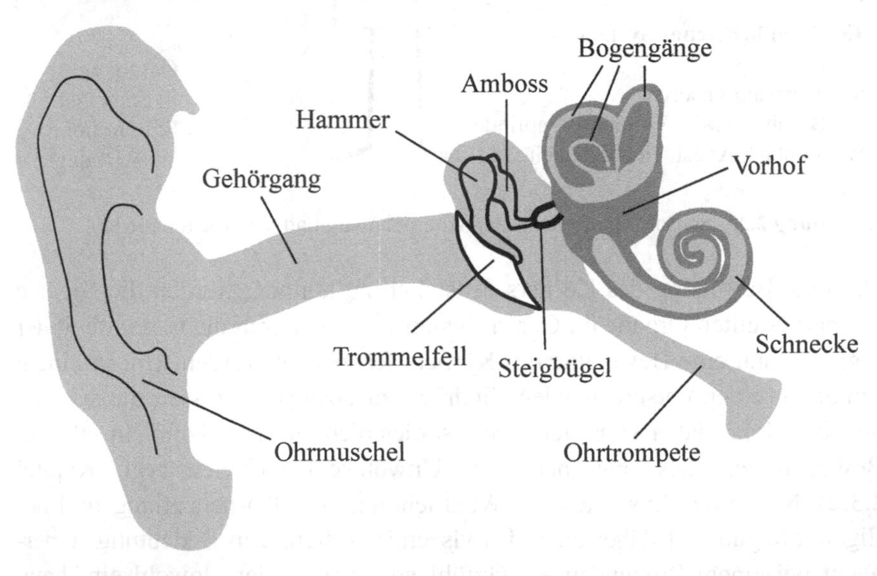

Abbildung 2.4: Übersicht über das Hör- und Gleichgewichtsorgan [60]

Zur Wahrnehmung linearer Bewegungen dienen zwei Maculaorgane, welche im Vorhof angeordnet sind. Dabei ist ein Maculaorgan horizontal angeordnet, während das Zweite vertikal positioniert ist. Haarzellen ragen in eine gallertartige Masse hinein, welche sich relativ zu dem Vorhof bewegen kann. Die dabei auftretenden Scherkräfte werden als Reize wahrgenommen [62].

Die Funktionsweise für den horizontalen und vertikalen Fall erläutert Abbildung 2.5.

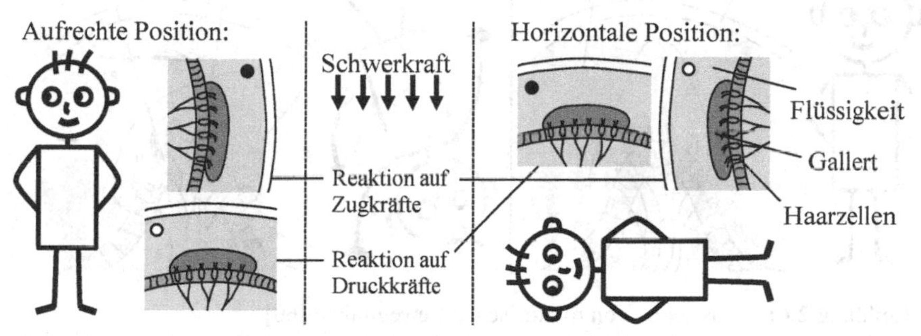

Abbildung 2.5: Sensierung von linearen Bewegungen [60]

Die drei Bogengänge des Innenohrs sind etwa im rechten Winkel zueinander angeordnet und stehen somit in Relation zu den drei Raumrichtungen. An jedem Ende der Bogengänge (Ampulle) befinden sich Haarsinneszellen, welche in die gallertartige Masse der Cupula hineinragen. Diese sind ähnlich wie die Maculaorgane aufgebaut, haben jedoch eine kuppelartige Form und die Haarzellen sind miteinander verbunden.

Findet eine Drehbewegung des Kopfes statt, kann die Gallertmasse aufgrund ihrer Trägheit der Bewegung nicht direkt folgen, was zu einem Abknicken der Sinneshärchen führt (siehe Abbildung 2.6). Die Cupula beginnt, sich bei einer anhaltenden Bewegung mit zu drehen. Daher können nur rotatorische Beschleunigungen durch die Bogengänge wahrgenommen werden [60,62].

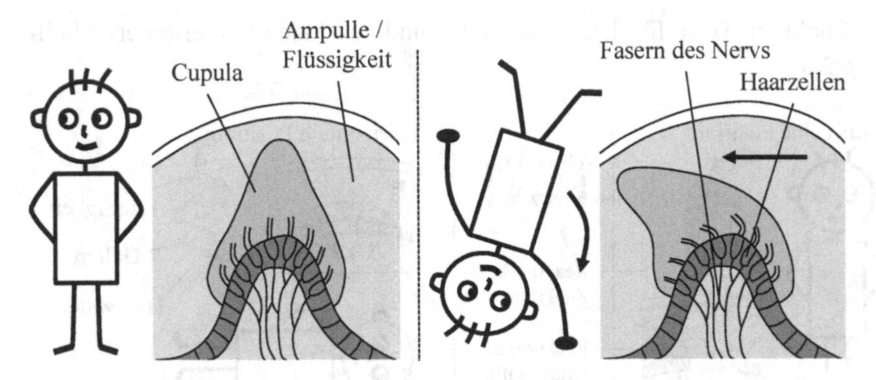

Abbildung 2.6: Sensierung von rotatorischen Bewegungen [60]

Befindet sich der Körper relativ zur Schwerkraft stationär nicht in der Senkrechten, kann dies nur durch die Maculaorgane und die Augen erfasst werden. Nimmt man dem Menschen die visuelle Information, wie dies in einer geschlossenen Kuppel eines Fahrsimulators geschieht, kann der Fahrer eine Lageänderung nicht von einer translatorischen Beschleunigung unterscheiden [63]. Dieser Effekt bildet die Grundlage für die in Kapitel 2.4.5 beschriebene Methode der Tilt Coordination.

2.3.2 Simulatorkrankheit

Als Simulatorkrankheit wird die Form der Kinetose[4] bezeichnet, welche durch virtuelle Realitäten hervorgerufen werden kann. Die auftretenden Symptome entsprechen denen bei anderen Formen der Kinetose, wie der Reisekrankheiten. Diese können sich durch leichtes Unwohlsein über Schweißausbrüche bis hin zu Übelkeit mit Erbrechen ausdrücken [60,64].

Auslöser für das Auftreten der Simulatorkrankheit sind Reize, welche nach der Verarbeitung widersprüchliche Informationen liefern (Sensorkonflikt-Theorie [65]). Durch das Ausnutzen der im vorangegangenen Kapitel be-

[4] Bewegungskrankheit, ausgelöst durch wiederholte Stimulation des Vestibularapparates [67].

schriebenen Effekte der Bewegungswahrnehmung in Simulatoren, entstehen solche Diskrepanzen meist zwischen der optischen und vestibulären Wahrnehmung. Daher wird die Wahrscheinlichkeit für das Auftreten der Simulatorkrankheit höher, je weiter die Reize voneinander entfernt liegen. Simulatoren mit einer Bewegungsplattform haben hier einen Vorteil gegenüber statischen Systemen. Außerdem belegen Studien, dass durch Training der Versuchspersonen die Anfälligkeit für ein Erkranken reduziert werden kann [66], was sich mit den Erfahrungen aus der Seefahrt deckt [67].

2.3.3 Wahrnehmungsschwellen

Um einen Kompromiss zwischen der möglichst realitätsnahen Darstellung von Beschleunigungssignalen in einem begrenzten Bewegungsraum und den unerwünschten Auswirkungen wie dem Auftreten von Symptomen der Simulatorkrankheit zu finden, sind Wahrnehmungsschwellen von hoher Bedeutung. Die Existenz von Wahrnehmungsschwellen ist wissenschaftlich nachgewiesen, die absolute Größe dieser Schwellen unterliegt jedoch vielfältigen Einflüssen und wird bis heute in verschiedenen Studien untersucht und diskutiert.

Dabei stehen sowohl translatorische Beschleunigungen als auch rotatorische Geschwindigkeiten und Beschleunigungen im Fokus. Diese sind für die in den folgenden Kapiteln beschriebenen Methoden Washout und Tilt Coordination wichtig.

Einen guten Überblick über verschiedene Arbeiten und deren Ergebnisse gibt [63]. Zusammenfassend ergeben sich eine Existenz einer konstanten Schwelle bei Drehraten und eine frequenzabhängige Grenze bei Winkelbeschleunigungen. Für die Drehraten haben sich $3\,°/s$ weitestgehend durchgesetzt [68]. Diese Schwelle wird auch für die in dieser Arbeit betrachteten Algorithmen verwendet.

Dennoch zeigen aktuelle Arbeiten, dass dieser Schwellwert durchaus höher liegen kann [69]. Diese unterschiedlichen Ergebnisse liegen an Einflussfaktoren wie Versuchen in Dunkelheit oder mit Visualisierung, Versuchsaufbauten und Frequenz der Testsignale, Messmethoden und der Erwartungshaltung der Probanden [70]. Auch die mentale Belastung der Probanden kann diese Grenzwerte beeinflussen [69].

Gleiches gilt für lineare Beschleunigungen. Auch hier lassen sich keine einheitlichen Schwellenwerte festlegen und müssen ggfs. für den jeweiligen Simulator und das Szenario abgestimmt werden.

2.4 Grundlagen des Motion Cueing

2.4.1 Begriffserklärung „Motion Cue"

Mit Hilfe von sensorischen Stimuli ist der Mensch in der Lage, Bewegungen seines Körpers und der Umgebung wahrzunehmen (vgl. Kapitel 2.3). Für den Begriff Motion Cueing finden sich unterschiedliche Definitionen. In [71] werden sämtliche oben beschriebenen sensorischen Stimuli als Motion Cues bezeichnet. [63] fasst, ausgehend von diesen Definitionen, die „Wiedergabe realer Bewegungen durch akustische, visuelle, haptische, und vestibuläre Signale als Motion Cueing" zusammen. In [72] findet sich im Kontext der Flugsimulation die allgemeine Beschreibung eines Motion Cues als Relativbewegung des Flugzeuges zum inertialen System, welche vom Piloten wahrgenommen wird.

Für die vorliegende Arbeit gilt die in [63] abgeleitete, ebenfalls häufig verwendete, Definition des Begriffs Motion Cue als Beschreibung für einen vestibulären Reiz. Dieser wird durch die Bewegungsplattform ausgelöst und kann vom Fahrer durch das Gleichgewichtsorgan sensiert werden. Der Begriff Cue fasst sämtliche auf eine Bewegung hinweisenden Reize zusammen.

2.4.2 Einteilung der Motion Cues

Motion Cues können in ihrer zeitlichen Abfolge im Allgemeinen in drei Kategorien aufgeteilt werden. Jede Kategorie repräsentiert bestimmte Bewegungsphasen, wie sie beim Führen eines Fahrzeuges auftreten [63]:

- Anfängliche Motion Cues (auch initial oder onset Motion Cues) geben die erste Phase einer Bewegung oder hochfrequente Bewegungen wieder. Diese treten bei Richtungsänderungen, Schaltvorgängen oder durch Fahrbahnunebenheiten auf.
- Verbindende Motion Cues (auch transient Motion Cues) beschreiben die Übergangsphase vom Bewegungsbeginn zu stationären Zuständen.
- Dauerhafte Motion Cues repräsentieren anhaltende Signale, wie sie bspw. bei einer stationären Kurvenfahrt auftreten.

Je nach Definition des Begriffes Motion Cueing finden sich weitere Kategorien, bzw. werden die hier genannten Kategorien weiter unterteilt. In [71] werden verbindende Motion Cues in hoch- und niederfrequente Anteile aufgeteilt und zusätzlich warnende Motion Cues eingeführt. Der Übergang zu haptischen Reizen ist hier fließend. [72] fasst warnende und onset Motion Cues als anfängliche Motion Cues zusammen. In dieser Arbeit werden die oben beschriebenen drei Kategorien verwendet, da sie die Struktur des Bewegungssystems des Stuttgarter Fahrsimulators widerspiegeln.

2.4.3 Fehlende und falsche Motion Cues

Das Auftreten von fehlenden oder fehlerhaften Motion Cues kann mehrere Ursachen haben. Einer der Gründe ist der beschränkte Bewegungsraum eines Simulators, der dadurch schlicht nicht in der Lage ist, sämtliche Fahrzeugbewegungen originalgetreu nachzubilden. Weiterhin kann auch die Dynamik des Systems an ihre Grenzen kommen oder fehlerhafte Signale durch den verwendeten Motion-Cueing-Algorithmus erzeugt werden. Die Fehler können in folgende Typen eingeteilt werden [63,72]:

- Fehlende Motion Cues beschreiben Stimuli, die nicht dargestellt werden.
- Falsche Motion Cues sind Reize, die vom Fahrer nicht erwartet werden, jedoch trotzdem auftreten, oder eine falsche Bewegungsinformation darstellen.

- Skalierungsfehler beschreiben einen spürbaren Unterschied zwischen dem erwarteten und dem wahrgenommenen Reiz.
- Phasenfehler entstehen durch zeitlich versetzte Reize.

Sämtliche beschriebenen Fehlertypen haben gemein, dass die vom Fahrer erwarteten und die simulierten Bewegungsreize nicht übereinstimmen. Allgemein gilt, je weniger falsche Motion Cues auftreten, desto besser ist der Fahreindruck in einem Simulator.

In den folgenden Kapiteln wird auf Methoden zur Vermeidung von fehlerhaften Motion Cues eingegangen sowie deren Auswirkung auf die Bewegungswahrnehmung des Fahrers erläutert.

2.4.4 Washout

Alle in Kapitel 2.1.2 beschriebenen Simulatorbauformen haben einen eingeschränkten linearen Bewegungsraum gemein. Dem im Widerspruch stehen für praktisch alle beschriebenen Anwendungsfälle große, lineare Soll-Bewegungen. Diese sind gerade beim Fahrzeug signifikant, da hier lineare Beschleunigungen dominieren. Um diese Fahrzeugbewegungen im begrenzten Arbeitsraum abbilden zu können, ist das Prinzip des sogenannten „Washout“ weit verbreitet. Durch das „Auswaschen“ der auftretenden Beschleunigungssignale wird die Simulatorplattform nach einer anfänglichen Bewegung langsam wieder in eine Position gebracht, von der aus der größte Bewegungsraum zur Verfügung steht. In der Regel ist dies auch die mittlere Position des Bewegungssystems [63]. Bei speziellen Bauformen, wie z. B. einer Zentrifuge, kann dies jedoch auch eine Kreisbahn sein. Das Prinzip des Washout kommt für anfängliche und verbindende Motion Cues zum Einsatz. Zur Realisierung des Washout-Effektes sei auf Kapitel 2.5.2 verwiesen.

2.4.5 Tilt Coordination

Durch das oben beschriebene Auswaschen von Beschleunigungssignalen fallen niederfrequente Signalanteile weg. Um auch solche dauerhaften Motion

Cues darstellen zu können, wird das Verfahren der Tilt Coordination angewendet. Dabei nutzt man die in Kapitel 2.3.1 beschriebene Eigenschaft des menschlichen Gleichgewichtsorganes aus, nicht zwischen einer Neigung des Körpers und einer translatorischen Beschleunigung unterscheiden zu können. Somit ist es möglich, stationäre Beschleunigungen durch ein Kippen der Simulatorplattform darzustellen [63].

2.5 Regelungstechnische Grundlagen

Um Beschleunigungen mit einem Simulator nachzubilden, kommt ein dynamisches System, das Bewegungssystem, zum Einsatz. Daher werden sowohl für die Ermittlung der Systemdynamik als auch für die Ansteuerung des Systems regelungstechnische Methoden angewandt. Auf Grundlagen, die in dieser Arbeit verwendet werden, wird an dieser Stelle eingegangen.

2.5.1 Betrachtungen im Frequenzbereich

Für die mathematische Beschreibung linearer technischer Prozesse gibt es nach [73] zwei grundlegende Modellstrukturen:

Bei parametrischen Modellen wird aufgrund physikalischer Zusammenhänge eine Modellstruktur angenommen und entsprechend parametriert. Diese Methode kommt z. B. bei Feder-Dämpferelementen zum Einsatz, da sich hier das dynamische Verhalten mit einer Differentialgleichung beschreiben lässt und deren Parameter bekannt sind oder bestimmt werden können. Parametrische Modelle werden daher zur Beschreibung von Systemen herangezogen, deren Subsysteme oder Parameter in der Simulation variiert werden sollen. Ein komplexes Fahrdynamikmodell wird als parametrisches Modell aufgebaut, um einzelne Fahrzeugkomponenten, wie bspw. Federelemente, variieren zu können und Rückschlüsse auf das Gesamtverhalten des realen Fahrzeuges zu ermöglichen.

Bei nichtparametrischen Modellen steht das Ein-/Ausgangsverhalten des Gesamtsystems im Fokus. Einzelne Teilsysteme, sowie deren Wirkung aufeinander, werden nicht explizit modelliert. Für das Bewegungssystem eines Fahrsimulators gilt diese Annahme. Hier ist die Nachbildung einer gewünschten Bewegung gefordert. Das Soll- und Ist-Signal sollen möglichst exakt übereinstimmen. Die Wirkungen einzelner Antriebe aufeinander oder auf das Gesamtverhalten sind, im Gegensatz zum Fahrzeugmodell, nicht von zentraler Bedeutung. Für die Identifikation des Übertragungsverhaltens bietet sich die Frequenzgangmessung mit periodischen Testsignalen unterschiedlicher Frequenzen an.

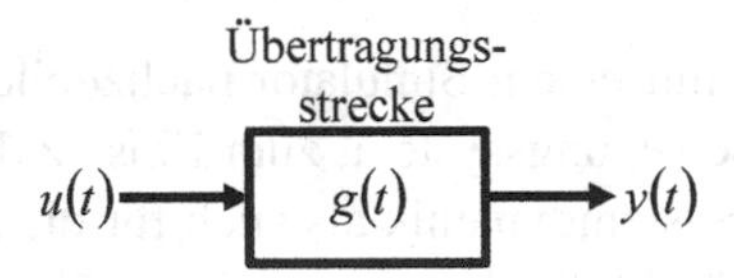

Abbildung 2.7: Blockschaltbild eines linearen Übertragungsgliedes

Für das in Abbildung 2.7 dargestellte einfache lineare Übertragungsglied ergibt sich nach [74] das Ausgangssignal als Faltung des Eingangssignales sowie der Übertragungsstrecke zu:

$$y(t) = g(t) * u(t) \qquad \text{Gl. 2.1}$$

Mithilfe der Laplace-Transformation [75] kann aus Gl. 2.1 die Übertragungsfunktion im Bildbereich als Funktion der transformierten Ein- und Ausgangssignale ermittelt werden:

$$G(s) = \frac{Y(s)}{U(s)} \qquad \text{Gl. 2.2}$$

Der Frequenzgang beschreibt das Verhalten des dynamischen Systems. Mit dem Amplitudenverhältnis kann ein frequenzabhängiger Verstärkungsfaktor zwischen je einem Ein- und Ausgangssignal des Systems gebildet werden. Der Phasengang eines solchen Signalpaares gibt das zeitliche Verhältnis zwischen Ein- und Ausgang an [74].

Mithilfe dieser Kriterien können die Güte von Bewegungssystemen und Motion-Cueing-Algorithmen bestimmt werden. Ziel ist eine möglichst geringe Verfälschung des Signales, also keine Veränderung der Amplitude, und eine möglichst geringe zeitliche Verschiebung.

Um diese Methode anwenden zu können, muss sichergestellt werden, dass das System innerhalb seines linearen Übertragungsverhaltens betrieben wird. Dies wird in dieser Arbeit vorausgesetzt, da ein Betreiben des Bewegungssystems außerhalb seiner technischen Grenzen einen fehlerhaften Zustand bedeutet. Die Analyse im Bildbereich bietet gegenüber einer Betrachtung im Zeitbereich den Vorteil, gleich die gesamte Bandbreite des Systems betrachten zu können und nicht nur einzelne Frequenzen.

2.5.2 Filter

Für die in Kapitel 2.4.2 beschriebene Aufteilung fahrdynamischer Eingangssignale in verschiedene Motion Cues spielen Filter eine wichtige Rolle. In klassischen Motion-Cueing-Algorithmen werden Hoch- und Tiefpassfilter verschiedener Ordnung eingesetzt, um mit deren unterschiedlichen Eigenschaften bezüglich stationärer Anregungen sowohl den Washout-Effekt als auch die Tilt Coordination umsetzen zu können.

Durch lange Kurvenfahrten oder anhaltendes Beschleunigen oder Verzögern eines Fahrzeuges können stationäre Beschleunigungen in Fahrzeuglängs- und -querrichtung auftreten. Für eine beliebige Richtung gilt in diesem Fall:

$$a_{Frzg.} = const. \qquad \text{Gl. 2.3}$$

Nach zweimaliger Integration mit $v_{Frzg.}(0) = v_{Frzg.,0}$ und $d_{Frzg.}(0) = d_{Frzg.,0}$ ergibt sich im Bildbereich für die Position:

$$D_{Frzg.}(s) = \frac{1}{s^3}\, a_{Frzg.} \qquad \text{Gl. 2.4}$$

Nach der Anwendung des Endwertsatzes [76]

$$\lim_{t\to\infty} f(t) = \lim_{s\to 0} s\, F(s) \qquad \text{Gl. 2.5}$$

auf Gl. 2.4 erhält man

$$\lim_{t\to\infty} d_{Frzg.}(t) = \lim_{s\to 0} s\, \frac{1}{s^3}\, a_{Frzg.} = \infty \qquad \text{Gl. 2.6}$$

Aus Gleichung Gl. 2.6 folgt direkt, dass für die Umsetzung des Washout-Effektes für ein stationäres Beschleunigungssignal ein Hochpassfilter mindestens dritter Ordnung notwendig ist. Daher wird an dieser Stelle auf die grundlegenden Eigenschaften von Filtern bis zu einer Ordnung von drei kurz eingegangen.

Ein Filter wird durch den Verstärkungsfaktor k und die Grenzfrequenz ω_0, welche den Frequenzbereich in Durchlass- und Sperrbereich unterteilt, beschrieben. Im Durchlassbereich soll das Eingangssignal möglichst unverändert übertragen werden, während im Sperrbereich eine Dämpfung stattfindet [77]. Für ein Filter zweiter Ordnung stellt das Dämpfungsmaß D ein zusätzliches Charakteristikum dar. Dieses hat Einfluss auf die Stabilität des Filters sowie auf dessen zeitliches Verhalten. Ein Filter dritter Ordnung wird üblicherweise aus je einem Filter erster und zweiter Ordnung konstruiert. Für Hochpassfilter gelten die Gleichungen:

1. Ordnung: $$G_{HP1}(s) = k\, \frac{s}{T_1 s + 1} \qquad \text{Gl. 2.7}$$

2. Ordnung: $$G_{HP2}(s) = k \frac{s^2}{{T_2}^2 s^2 + 2DT_2 s + 1}$$ Gl. 2.8

3. Ordnung: $$G_{HP3}(s) = k \frac{s^3}{(T_1 s + 1)({T_2}^2 s^2 + 2DT_2 s + 1)}$$ Gl. 2.9

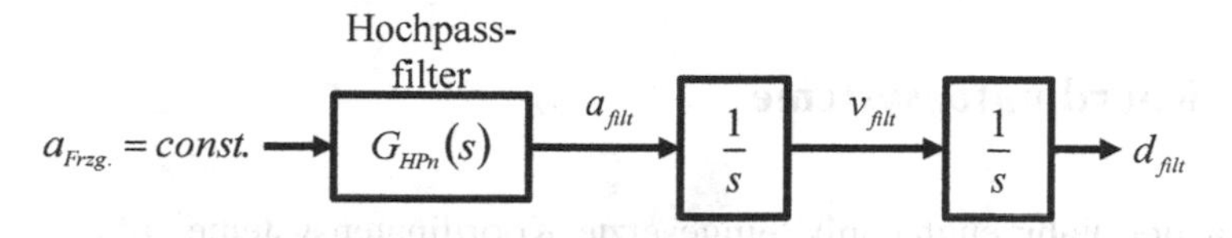

Abbildung 2.8: Hochpassfilter mit zweimaliger Integration

Je nach Ordnung des Filters ergibt sich ein anderes Konvergenzverhalten. Für einen, wie in Abbildung 2.8 gezeigten, Signalverlauf mit einer konstanten Anregung sind die Konvergenzverhalten in Tabelle 2.2 eingetragen.

Tabelle 2.2: Konvergenzverhalten von Hochpassfiltern bis zur dritten Ordnung

Filterordnung	a_{filt}	v_{filt}	d_{filt}
$n = 1$	0	*const.*	∞
$n = 2$	0	0	*const.*
$n = 3$	0	0	0

Für Tiefpassfilter gilt analog:

1. Ordnung: $$G_{TP1}(s) = k \frac{1}{T_1 s + 1}$$ Gl. 2.10

2. Ordnung: $$G_{TP2}(s) = k \frac{1}{{T_2}^2 s^2 + 2DT_2 s + 1}$$ Gl. 2.11

3. Ordnung: $$G_{TP3}(s) = k \frac{1}{(T_1 s + 1)(T_2{}^2 s^2 + 2DT_2 s + 1)}$$ Gl. 2.12

Das Konvergenzverhalten der Tiefpassfilter ist trivial, da diese für $t \to \infty$ das konstante Eingangssignal unverändert weiterleiten.

2.6 Koordinatensysteme

Für in der Fahrzeugtechnik eingesetzte Koordinatensysteme gibt es zwei normierte Vorgaben. Die DIN ISO 8855 [78] (Straßenfahrzeuge - Fahrzeugdynamik und Fahrverhalten - Begriffe) stellt eine modifizierte Variante der internationalen Norm ISO 8855 dar. Neben den Vorgaben für Koordinatensysteme sind darin weitere Begriffe zur Beschreibung von Fahrzeuggrößen festgehalten [79].

Einen international ebenfalls gängigen Standard beschreibt die SAE J670 [80]. Diese unterscheidet sich teilweise von der ISO 8855, z. B. bei der Ausrichtung von Koordinatensystemen. In dieser Arbeit finden die Vorgaben aus der DIN ISO 8855 Anwendung.

In Abbildung 2.9 sind die in dieser Arbeit verwendeten Koordinatensysteme bezogen auf das Fahrzeug nach DIN ISO 8855 dargestellt. Die Bewegungen der gefederten Fahrzeugmasse werden am Fahrzeugreferenzpunkt angegeben. Dieser kann beliebig gewählt werden. In der Fahrdynamiksimulation wird häufig der Fahrzeugschwerpunkt verwendet. Die $x_{Frzg.}$-Achse des fahrzeugfesten Koordinatensystems zeigt parallel zur Fahrzeuglängsachse in Fahrtrichtung. Die weiteren Achsen sind als rechtwinkliges Rechtssystem angeordnet. $y_{Frzg.}$ zeigt demnach in Fahrtrichtung nach links und $z_{Frzg.}$ vertikal nach oben.

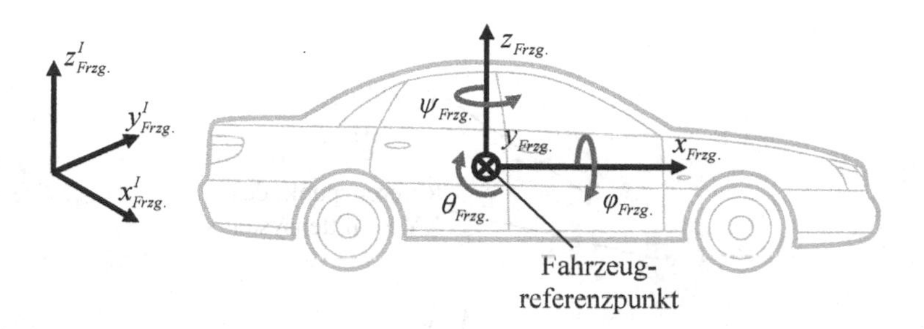

Abbildung 2.9: Koordinatensysteme im Fahrzeug

Durch Drehung des fahrzeugfesten Koordinatensystems bezogen auf das ortsfeste Koordinatensystem ($x^I_{Frzg.}$, $y^I_{Frzg.}$, $z^I_{Frzg.}$) werden die rotatorischen Aufbaubewegungen des Fahrzeuges beschrieben. Dabei wird zunächst um die vertikale $z^I_{Frzg.}$-Achse (Gierbewegung, $\psi_{Frzg.}$), dann um die resultierende $y_{Frzg.}$-Achse (Nickbewegung, $\theta_{Frzg.}$) und schließlich um die resultierende $x_{Frzg.}$-Achse (Rollbewegung, $\varphi_{Frzg.}$) gedreht.

Für die Bestimmung der Positionen des Schlittensystems, des Hexapods sowie des Fahrers im Inneren des Fahrzeuges in der Kuppel werden mehrere Koordinatensysteme verwendet. Der Referenzpunkt der beiden Schlittensysteme befindet sich, wie in Abbildung 2.10 gezeigt, mittig auf dem dreieckförmigen Y-Schlitten. In longitudinaler und lateraler Richtung werden die Positionen des Schlittensystems relativ zur Mitte des linearen Bewegungsraumes mit x_{XY} und y_{XY} angegeben. Da dieses Teilsystem keine rotatorischen Bewegungen erzeugen kann, wird auf eine Darstellung dieser verzichtet.

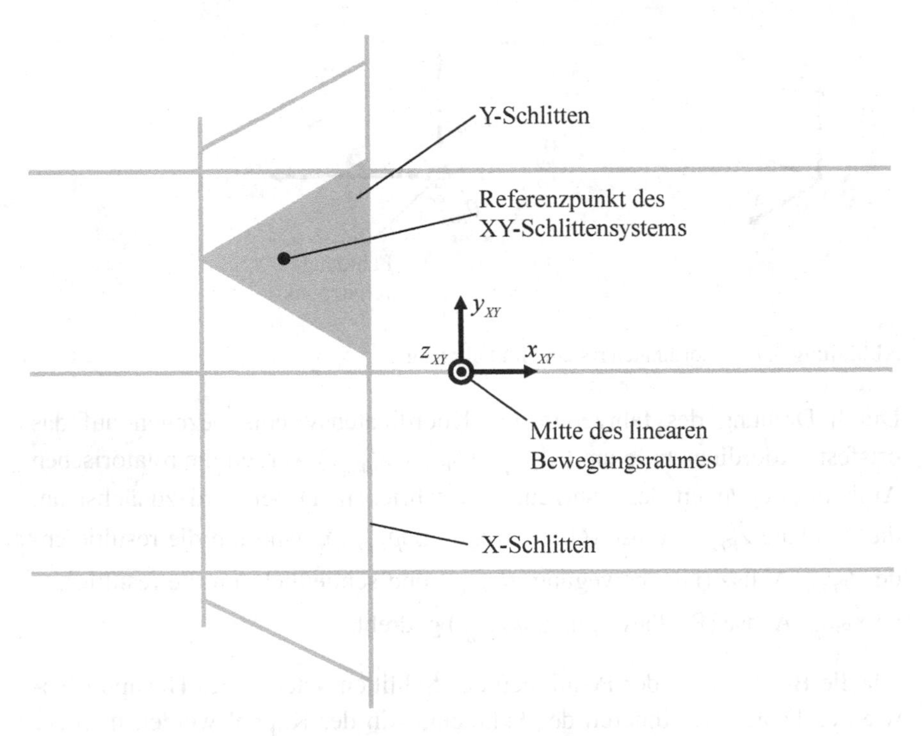

Abbildung 2.10: Koordinatensystem des Schlittensystems

Das Schlittensystem kann keine vertikalen Bewegungen ausführen. Für die Wahl der vertikalen Komponente des Koordinatensystems wird daher auf den Referenzpunkt der gesamten Anlage eingegangen. Dieser befindet sich in der Mitte des gesamten Bewegungsraumes. Für die longitudinale und laterale Richtung entspricht dies der Mitte des linearen Bewegungsraumes (siehe Abbildung 2.10), in vertikaler Richtung der Position auf Höhe der Anschlagpunkte der Aktoren an den Kuppelboden bei halb ausgefahrenen Aktoren. Somit steht an dieser Position der maximale Bewegungsraum in alle Richtungen zur Verfügung. Für z_{XY} wir dieser Punkt als Ursprung gewählt wodurch $z_{XY} = 0$ gilt.

Die Bewegungen des Hexapods werden, wie in Abbildung 2.11 gezeigt, am Simulatorreferenzpunkt mit den Koordinaten $x_{Hex.}$, $y_{Hex.}$ und $z_{Hex.}$ angegeben. In der Ausgangsposition des Simulators entsprechen sich der Ursprung dieses Koordinatensystems und die Mitte des gesamten Bewegungsraumes. Führt das Schlittensystem eine Bewegung aus, wird das Koordinatensystem mit bewegt und befindet sich somit über dem Referenzpunkt des XY-Schlittensystems. Die Position des Simulatorreferenzpunktes bezogen zur Mitte des gesamten Bewegungsraumes ist die Summe aus den beiden eingeführten Positionen und wird in $x_{Sim.}$, $y_{Sim.}$, $z_{Sim.}$ angegeben.

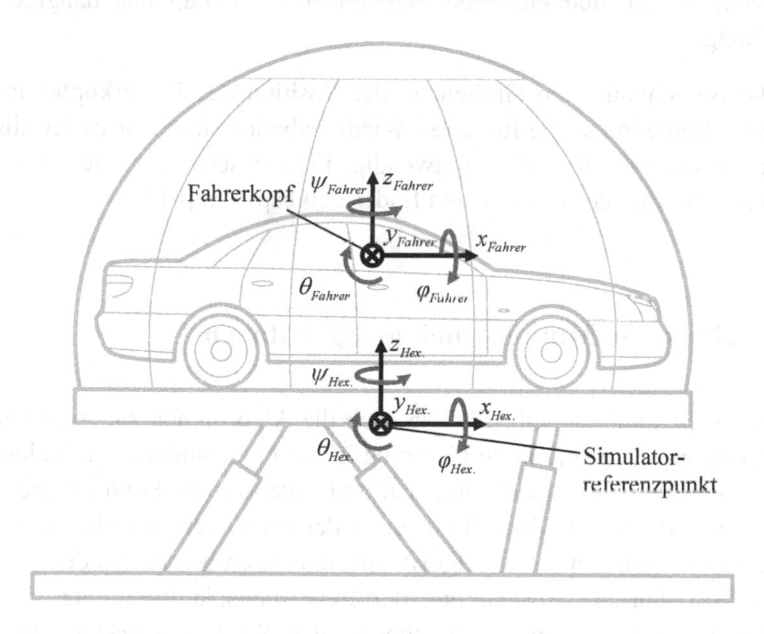

Abbildung 2.11: Koordinatensystem des Hexapods

Wie in Kapitel 2.3.1 beschrieben, nimmt der Mensch Beschleunigungen durch das Innenohr wahr. Eine Betrachtung der am Fahrerkopf auftretenden Beschleunigungen in Fahrzeug und Simulator liegt daher nahe. Hierfür wird ein mitbewegtes Koordinatensystem am Fahrerkopf (x_{Fahrer}, y_{Fahrer}, z_{Fahrer}) eingeführt. Der Bezug auf den Fahrerkopf bietet jedoch noch weitere Vorteile.

Durch Verwenden der Tilt Coordination entstehen zusätzlich zu den rotatorischen Bewegungen des Fahrzeuges weitere Drehbewegungen. Haben diese Bewegungen ihren Drehpunkt an der Position des Fahrerkopfes, treten keine Querbeschleunigungsanteile auf.

Häufig wird ein Fahrzeug simuliert, welches nicht als Mockup zur Verfügung steht. Dadurch entstehen unterschiedliche geometrische Verhältnisse. Verwendet man in der Fahrzeugsimulation den Fahrerkopf als Fahrzeugreferenzpunkt, ergibt sich eine vom verwendeten Mockup unabhängige Beschreibung.

Für die Berechnung von Größen an der Position des Fahrerkopfes in der Fahrzeugsimulation sowie für deren Wiedergabe im Simulator ist jeweils eine Koordinatentransformation notwendig. Eine Beschreibung der Transformation rechtwinkliger Koordinaten findet sich bspw. in [81].

2.7 Klassische Motion-Cueing-Algorithmen

Wie der Fahrsimulator selbst, haben auch die Algorithmen zur Ansteuerung der Bewegungsplattform ihren Ursprung in der Flugsimulation. Für eine Bewegungsplattform mit translatorischen und rotatorischen Freiheitsgraden ist der Classical-Washout-Algorithmus einer der am weitesten verbreiteten Ansätze. Beschreibungen dieses Algorithmus existieren bereits aus den 1970er-Jahren [82]. Für die Ansteuerung der Bewegungsplattform nutzt der Algorithmus die beschriebenen Methoden des Washout-Effektes, der Tilt Coordination, sowie der zeitlichen Einteilung verschiedener Motion Cues.

2.7.1 Der Classical-Washout-Algorithmus

Um das Verhalten eines Flugzeuges mit einer Bewegungsplattform zu simulieren, werden meist dessen translatorische und rotatorische Bewegungen in verallgemeinerten Koordinaten beschrieben [83]. Hier werden die resultierenden verallgemeinerten Kräfte nach den Lagrangeschen Gleichungen zweiter Art sowie die Winkelgeschwindigkeiten des Flugzeuges als Eingänge für den Motion-Cueing-Algorithmus verwendet [84,85].

Für die Beschreibung der Bewegungen eines Kraftfahrzeuges ist eine Darstellung in kartesischen Koordinaten in Anlehnung an die DIN ISO 8855 anschaulicher. Dieser Ansatz wird in der Literatur häufig in Verbindung mit der Fahrzeugsimulation eingesetzt (vgl. z. B. [86]) und auch in der vorliegenden Arbeit verwendet.

Das Prinzip des Classical-Washout-Algorithmus eignet sich für Bewegungssysteme mit unterschiedlicher Anzahl an Freiheitsgraden. Der Algorithmus wurde und wird bereits an diversen Bewegungssystemen eingesetzt und entsprechend verändert oder erweitert. Da in dieser Arbeit der Stuttgarter Fahrsimulator verwendet wird, wird der Algorithmus für ein System mit acht Freiheitsgraden beschrieben.

Für longitudinale Beschleunigungen zeigt Abbildung 2.12 die Struktur des Classical-Washout-Algorithmus. Für laterale Bewegungen entspricht die Struktur der gezeigten Form. Die vom Fahrzeugmodell berechnete Beschleunigung wird in drei Frequenzbänder aufgeteilt.

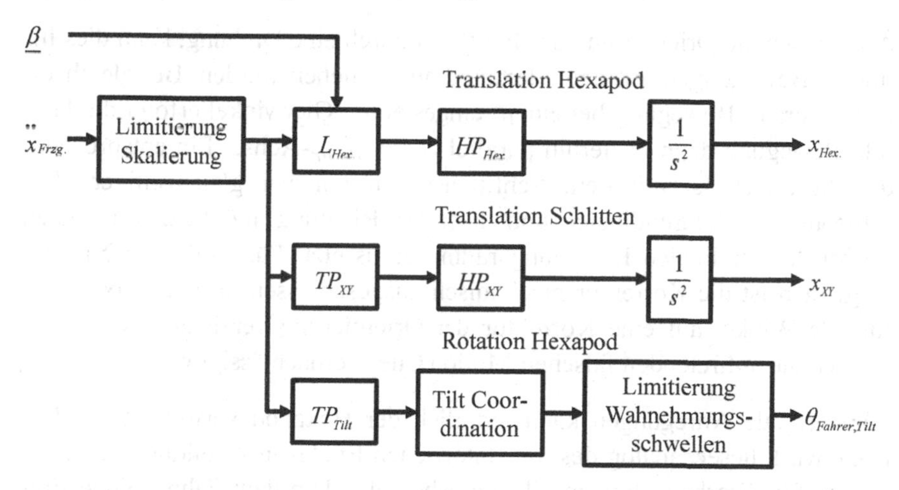

Abbildung 2.12: Struktur des Classical-Washout-Algorithmus

Der Hexapod verfügt gegenüber dem Schlittensystem über eine bessere Dynamik, da dieser eine geringere Masse bewegen muss. Anfängliche Motion Cues werden daher durch eine translatorische Bewegung des Hexapods ausgeführt. Das Hochpassfilter $HP_{Hex.}$ sollte, wie in Kapitel 2.5.2 erläutert, über mindestens drei Ordnungen verfügen, um ein Zurückkehren der Plattform in die Ausgangsposition zu gewährleisten. Durch die Transformation $L_{Hex.}$ wird die momentane Orientierung der Plattform beachtet.

Über die Tilt Coordination im unteren Pfad werden anhaltende Motion Cues umgesetzt. Die Limitierung der Drehbewegung, mithilfe der in Kapitel 2.3.3 beschriebenen Wahrnehmungsschwellen, reduziert das Auftreten von Motion Sickness. Der Anteil der durch die Tilt Coordination wiedergegebenen Beschleunigungen wird über den Tiefpassfilter TP_{Tilt} eingestellt. Um einen realistischen Fahreindruck zu erhalten, sollte dieser Anteil möglichst gering gehalten und stattdessen das Schlittensystem eingesetzt werden.

Dieses wird über den aus TP_{XY} und HP_{XY} resultierenden Bandpassfilter angesteuert und realisiert verbindende Motion Cues. Für HP_{XY} gelten die gleichen Voraussetzungen bezüglich des Washout-Effektes wie für das Hochpassfilter im Pfad der translatorischen Hexapodbewegung.

Ändert sich die Orientierung der Plattform durch eine Drehung, kann dies für lineare Bewegungen mit dem Hexapod ausgeglichen werden. Bei gleichzeitiger lateraler Bewegung bei einem eingestellten Gierwinkel erfolgt die laterale Bewegung dann weiterhin parallel zur y_{Fahrer}-Achse. Ein entsprechender Ausgleich ist mit dem Schlittensystem nur bei gleichzeitiger Verschiebung in longitudinaler und lateraler Richtung möglich, was einen großen longitudinalen Bewegungsraum voraussetzt. Für Roll- und Nickbewegungen ist die Korrektur mechanisch ausgeschlossen. In der Praxis wird für alle Winkel auf eine Korrektur der Orientierung verzichtet. Nach [63] können die auftretenden falschen Motion Cues vernachlässigt werden.

Für vertikale Anregungen kann lediglich der Hexapod verwendet werden. Dazu wird dieser, analog des translatorischen Pfades in Abbildung 2.12, angeregt. Für Gierbewegungen gilt dies ebenfalls. Um dem Fahrer einen Eindruck des Richtungswechsels zu vermitteln, werden hierzu anfängliche Motion Cues durch Verwendung der Gierbeschleunigung realisiert.

Für die Bewertung eines Fahrzeuges sind dessen Roll- und Nickbewegungen wichtig. Diese Bewegungen treten auch bei der realen Fahrt auf und werden visuell wiedergegeben. Auf Wahrnehmungsschwellen kann daher verzichtet werden. Die Größenordnung der Winkel befindet sich außerdem innerhalb der statischen Grenzen des Bewegungssystems, wodurch die Winkel direkt oder mit einer auf die anderen Kanäle abgestimmten Skalierung wiedergegeben werden können. Diese Winkel werden über eine Addition mit den von der Tilt Coordination geforderten Winkeln durch die Bewegungsplattform gestellt.

Der Classical-Washout-Algorithmus hat eine weite Verbreitung gefunden, da er mit nahezu jedem Bewegungssystem eingesetzt werden kann. Die Parametrierung erfolgt abhängig von den Gegebenheiten des Bewegungssystems und der erwarteten Beschleunigungen innerhalb eines Szenarios. Der Einfluss der Parameter kann relativ einfach abgeschätzt werden, da diese einem bestimmten Freiheitsgrad zugeordnet sind. Kombinierte Einflüsse sind nicht vorhanden. Für die Wahl der Parameter sind in der Literatur bereits verschiedene Empfehlungen bzw. Herangehensweisen vorhanden (vgl. [72,87]).

Ein weiterer Vorteil ist, dass der Algorithmus, neben den angesprochenen Fahrzeugbeschleunigungen und Winkelinformationen, keine weiteren Daten benötigt. Dadurch ist der Algorithmus sehr robust gegenüber Umgebungseinflüssen und kann für praktisch alle Szenarien eingesetzt werden.

Diese Universalität ist gleichzeitig der größte Nachteil des Algorithmus. Häufig bleibt Bewegungsraum ungenutzt und Effekte bei der menschlichen Wahrnehmung werden nicht ausgenutzt. Spezifische Fahrdynamikszenarien kann er meist nicht ausreichend exakt nachbilden, um Bewertungen über das Fahrverhalten vornehmen zu können. Daher haben sich weitere Algorithmen und Ableitungen aus dem Classical-Washout-Ansatz entwickelt. Den meisten ist jedoch die Struktur dieses Ansatzes gemein.

2.7.2 Weitere klassische Algorithmen

Neben dem Classical-Washout-Algorithmus gibt es noch zwei weitere etablierte Ansätze: den Optimal-Control- sowie den Coordinated-Adaptive-Algorithmus. Beide Algorithmen finden Anwendung auf verschiedenen

Flug- sowie Fahrzeugsimulatoren. Sie ähneln strukturell dem Classical-Washout-Algorithmus.

Der Optimal-Control-Algorithmus nutzt Gewichtungsfunktionen statt Filtern, im Gegensatz zum Classical-Washout-Algorithmus. Darüber hinaus gibt es eine Kopplung zwischen den Fahrzeugwinkeln und der translatorischen Plattformposition. Die Gewichtungsfunktionen sind entweder Übertragungsglieder von höherer Ordnung oder Verstärkungsfaktoren, welche aus der Optimierung eines Kostenfunktionals resultieren [88].

Für die Auslegung des Algorithmus wird ein Modell des menschlichen Vestibularapparates verwendet [83]. Dieses dient dazu, den Unterschied zwischen der vom Fahrer während einer realen Fahrt wahrgenommen Beschleunigung und der im Simulator wahrgenommenen Signale zu berechnen. Mit Hilfe eines Optimierungsprozesses wird der Fehler zwischen diesen Wahrnehmungen minimiert. Die aus dieser a priori Berechnung bestimmten Übertragungsfunktionen werden dann in einem Echtzeitsystem zur Ansteuerung des Simulators implementiert [89].

Der Coordinated-Adaptive-Algorithmus führt während der Laufzeit Anpassungen an den Filterparametern durch [90]. Ähnlich zum Optimal-Control-Ansatz wird ein Kostenfunktional minimiert. Der Algorithmus kann dadurch auf die aktuelle Plattformposition und Geschwindigkeit reagieren. Weiterentwicklungen des Algorithmus enthalten weitere Kriterien, wie z. B. die Zustände einzelner Aktuatoren [91].

Die drei beschriebenen Algorithmen wurden in diversen Studien miteinander verglichen. In der Regel wird allen Ansätzen eine gute Leistungsfähigkeit zugesprochen. Der Coordinated-Adaptive-Algorithmus kann dabei häufig die besten Ergebnisse erzielen [92]. Da dieser Algorithmus den komplexesten Ansatz darstellt und ständig Informationen über den Zustand des Simulators verarbeitet, liegt dieses Ergebnis nahe. Dagegen ist der Classical-Washout-Algorithmus am einfachsten in der Handhabung und der Implementierung an einem System.

2.7.3 Weiterführende Ansätze

Neben den drei oben beschriebenen Algorithmen zur Ansteuerung einer Bewegungsplattform, wurden weitere, weniger verbreitete Ansätze entwickelt. Diese stellen meist Erweiterungen der Algorithmen dar oder greifen deren Arbeitsprinzip und Struktur auf. Dieses Kapitel gibt einen kurzen Überblick über einige Ansätze.

Für die Wahl der Filterparameter gibt es, wie oben angesprochen, verschiedene Empfehlungen. Um möglichst alle Beschleunigungsanteile eines Fahrzeuges mit dem Simulator abzubilden, wird in [63] mit komplementären Filtern und ohne Beschränkungen der Tilt Coordination gearbeitet. Es wird von einer besseren Wiedergabe der Sollbeschleunigungen berichtet. Dabei wird der Fahrer jedoch deutlich schnelleren Rotationen ausgesetzt, die evtl. vermehrt zu Unwohlsein führen können.

Lineare Filter haben einige für die Fahrsimulation negative Effekte. Bei Hochpassfiltern kann bei schnellem Abklingen eines Eingangssignales ein Beschleunigungssignal mit umgekehrtem Vorzeichen an die Bewegungsplattform weitergeleitet werden. Dies ist u. a. im Moment des Anhaltens eines Fahrzeuges der Fall. Der Fahrer spürt dann einen Ruck in Fahrtrichtung. Zur Vermeidung dieses Effektes werden Filter mit Anteilen kombiniert, die bei einem Anhaltevorgang das Soll-Signal geschwindigkeitsabhängig skalieren (vgl. Kapitel 6.2). Um auch bei einem Lastwechsel bei höheren Geschwindigkeiten diesen Effekt zu verhindern, gibt es Ansätze mit nichtlinearen Filtern [93], die gute Ergebnisse erzielen.

Mit der Entwicklung von neuartigen Bewegungssystemen wird es notwendig, deren Kinematik in dem Motion-Cueing-Algorithmus zu beachten, um die Leistungsfähigkeit des Systems auszunutzen. Für den Desdemona-Simulator (vgl. Kapitel 2.1.2) wurde bspw. der Spherical-Washout-Algorithmus entwickelt [94], um dessen Bauform gerecht zu werden.

Die modellprädiktive Regelung findet aktuell zunehmend Anwendung. Diese eignet sich besonders für hochdynamische, kleinere Simulatoren [43]. Durch die Beachtung des Arbeitsraumes im Modell kann dieser besser ausgenutzt werden.

3 Zielvorgaben und Anforderungen an die Bewegungssimulation

Da Fahrsimulatoren für Untersuchungen verschiedenster Fragestellungen verwendet werden, muss die Nachbildung von Fahrzeugbewegungen mit einem Bewegungssystem eine Reihe von Anforderungen erfüllen. Allgemeine Anforderungen beziehen sich auf das Systemverhalten und die Interaktion mit der Simulationsumgebung. Dazu gehören ein robustes und stabiles Verhalten des Gesamtsystems sowie eine möglichst einfache Bedien- und Parametrierbarkeit der Komponenten durch den Anwender. Die für die Anwendungsfälle spezifischen Ziele und daraus abgeleiteten Anforderungen werden in den folgenden Kapiteln erläutert.

3.1 Anwendungsfälle

Wie in Kapitel 1 beschrieben, können Fahrsimulatoren auch für Untersuchungen verwendet werden, die nicht zwingend ein Fahrzeug nutzen, sondern bspw. Aspekte der menschlichen Wahrnehmung adressieren. Da der prädiktive Motion-Cueing-Algorithmus für den Einsatz im Kontext fahrzeugtechnischer Fragestellungen entwickelt wird, stehen diese im Vordergrund. Die Anwendungen lassen sich in zwei Kategorien einteilen.

Zum einen steht das Fahrzeug selbst im Vordergrund. D. h., es werden Fahrzeugkomponenten und das Fahrzeugverhalten untersucht. Zum andern wird der Fokus auf die Interaktion des Fahrers mit dem Fahrzeug bzw. mit einer Komponente wie einem Assistenzsystem gelegt. Beide Kategorien verfolgen teilweise unterschiedliche Ziele. Dies führt zu sich unterscheidenden Anforderungen, welche in den folgenden Kapiteln für die Kategorien getrennt betrachtet werden.

3.1.1 Bewertung von Fahrzeugverhalten und Fahrzeugentwicklung

Viele Entwicklungsschritte in der Fahrzeugentwicklung finden virtuell statt. Ein Fahrsimulator kann das Verhalten von Komponenten in einer frühen Entwicklungsphase erlebbar machen und ermöglicht die Bewertung virtueller Bauteilvarianten. Er wird damit zu einem Werkzeug für Entwickler.

Wie in Kapitel 2.2.1 beschrieben kommen z. B. Komponenten des Antriebsstranges, des Fahrwerkes oder Optimierungen der Aerodynamik in Betracht. Es wird das Ziel verfolgt, eine möglichst optimale Variante der betrachteten Komponente zu identifizieren und andere Varianten auszuschließen. Für diese Anwendungsfälle ist es entscheidend, dass die durch den Simulator generierten Bewegungen möglichst exakt den Bewegungen des simulierten Fahrzeuges entsprechen. Dabei sollten Signale weder durch den Simulator verfälscht noch stark zeitlich verzögert werden. Andernfalls können Rückschlüsse auf Komponentenebene nicht sichergestellt werden. Wie in Kapitel 4.1 beschrieben kann der Einfluss der Simulatoranlage nicht vollständig eliminiert werden. Daher ist es wichtig darauf zu achten, dass Unterschiede, die im Simulator identifiziert werden, in der Realität gleichgerichtet wiederzufinden sind.

Da mehrere Varianten untereinander verglichen werden, sollte der Wechsel zwischen den Varianten und ein erneuter Versuchsstart möglichst schnell erfolgen können. Dies führt zum einen zu einem direkten Vergleich der gewonnen Fahreindrücke und zum anderen zu einer effizienten Versuchsdurchführung.

Diese Anforderung wird hauptsächlich im Fahrdynamikmodell umgesetzt. Die Ansteuerung des Bewegungssystems muss jedoch mit den Situationen umgehen können. Diese können z. B. einen Beginn der Simulation mit einer definierten Fahrzeuggeschwindigkeit erfordern, oder einen Abbruch des Experimentes vor dem Fahrzeugstillstand. Dadurch entstehen in den Signalen Unstetigkeiten, die die Ansteuerung des Bewegungssystems erkennen muss, um anschließend das System in einen sicheren Zustand zu überführen.

Die Untersuchung der Fahrzeugreaktion findet meist mit definierten Manövern oder durch Aufschaltung vorgegebener Störgrößen statt. Dies sichert die

Vergleichbarkeit mit anderen Entwicklungsmethoden bis hin zum realen Fahrversuch. Es können bspw. Daten verwendet werden, die im Fahrversuch oder an einem Prüfstand ermittelt werden. Mit diesen wird das Fahrdynamikmodell im Simulator beaufschlagt und dessen Reaktion durch den Fahrer untersucht. In [95] wird dieses Verfahren anhand von Fahrten unter instationärem Seitenwind erläutert.

Für die einheitliche Beschreibung der dynamischen Eigenschaften eines Fahrzeuges oder Fahrdynamikmodells existieren verschiedene standardisierte Fahrmanöver. Dies sind u. a.:

- Stationäre Kreisfahrt [96]
- Sinuswedeltest, Lenkwinkelsprung [97]
- Spurwechsel [98]
- Bremsen in der Kurve [99]

Es handelt sich dabei um Manöver, welche die Fahrdynamik häufig extrem beanspruchen. Eine direkte Wiedergabe im Simulator ist aufgrund dessen statischen und dynamischen Grenzen meist nicht möglich. Daher ist es notwendig, den Versuch anzupassen, Skalierungen vorzunehmen und, um die Vergleichbarkeit weiterhin zu gewährleisten, auch den Referenzversuch entsprechend umzugestalten.

Dadurch reduziert sich das Experiment auf ein einzelnes, fest definiertes, Manöver, welches in schneller Folge wiederholt wird. Die Fahrzeugumgebung bzw. das Fahrzeugverhalten in anderen Situationen ist für den professionellen Fahrer nicht relevant und wird daher vernachlässigt.

3.1.2 Bewertung von Fahrerverhalten und Interaktion

Unter die Kategorie „Bewertung von Fahrerverhalten und Interaktion“ fallen Untersuchungen zu Assistenzsystemen, die den Fahrer bei der Fahrzeugführung unterstützen oder ihm diese abnehmen (Automatisierung). Diese können u. a. dazu dienen, die Sicherheit zu erhöhen oder den Verbrauch zu reduzieren [17]. Das Ziel besteht darin, dem Fahrer mittels der virtuellen Realität eine möglichst realistische Umgebung bereitzustellen, in der er den gleichen Fahrstil anwendet wie unter natürlichen Bedingungen. Dabei handelt es sich nicht um professionelle Fahrer, sondern um einen Personenkreis, der der zu untersuchenden Zielgruppe entspricht. Dann können die Interaktion des Fahrers mit neuartigen Fahrfunktionen und die Akzeptanz derer untersucht werden. Neben der Funktionalität können auch neuartige Wege zur Kommunikation bzw. Information des Fahrers getestet werden. Diese Versuche nutzen die reproduzierbaren Umgebungsbedingungen bei mehreren Fahrten aus.

Im Gegensatz zum vorangegangenen Kapitel, in dem ein einzelnes Manöver im Fokus stand, muss dem Fahrer ein ganzheitliches Fahrerlebnis präsentiert werden. D. h., es müssen verschiedene Fahrsituationen abgebildet werden, damit der Fahrer nicht durch ein unerwartetes oder unrealistisches Verhalten der Simulationsumgebung abgelenkt wird. Ein Experiment muss bspw. immer mit dem Fahrzeugstillstand beginnen und enden.

Die Ansteuerung des Bewegungssystems muss somit viele Fahrsituationen reproduzieren können, und der Fahrer darf keine unnatürlichen Reize präsentiert bekommen. Außerdem darf er nicht durch andere Einflüsse, wie das Eintreten von Symptomen der Simulatorkrankheit, beeinträchtigt werden. D. h., die Verwendung von Methoden zur Beschleunigungssimulation, wie bspw. die Tilt Coordination, muss entsprechend der in Kapitel 2.3.3 beschriebenen Wahrnehmungsschwellen umgesetzt werden. Auch das Zurückkehren der Plattform in ihre Ausgangsposition oder das Verfahren in eine neue Ruhelage darf vom Fahrer nicht wahrgenommen werden. Die Ansteuerung des Simulators sollte universell für verschiedene Strecken und Anwendungsfälle einsetzbar sein.

3.2 Einteilung der Zielvorgaben zur Lösung von Zielkonflikten

Die in den vorangegangenen Kapiteln beschriebenen Anforderungen stehen z. T. im Gegensatz zueinander. In Abbildung 3.1 sind einige Anforderungen gegenübergestellt, die zu einem Zielkonflikt führen. Dieser lässt sich lösen, indem die Simulatorsteuerung auf mehrere Elemente aufgeteilt wird, die aufeinander aufbauen. Dadurch werden die Anforderungen in eine serielle Struktur gebracht und stehen unabhängig vom Anwendungsfall zur Verfügung.

Der Motion-Cueing-Algorithmus soll möglichst universell bezüglich Strecke und Manövern einsetzbar sein. Dabei soll die Darstellung der Fahrzeugbewegungen und -beschleunigungen möglichst exakt unter Verwendung der in Kapitel 2.4 beschriebenen Methoden erfolgen. Um einen guten Fahreindruck zu generieren, sollten möglichst viele Signalanteile durch lineare Bewegungen wiedergegeben werden, da dies den vornehmlich linearen Bewegungen eines Fahrzeuges entspricht und das Auftreten der Simulatorkrankheit vermindert. Die berechneten Signale werden von dem Element zur Optimierung des Übertragungsverhaltens der Anlage weiterverarbeitet.

Dieses beinhaltet Vorsteuerungen zur Ansteuerung der Freiheitsgrade des Bewegungssystems. Diese eliminieren den Einfluss der Dynamik des Systems auf die Signalübertragung. Darüber hinaus muss dieses Element sicherstellen, dass ein möglichst großer Bewegungsraum auch für kombinierte Bewegungen zur Verfügung steht.

Im letzten Element muss verhindert werden, dass das Bewegungssystem aufgrund kritischer Fahrsituationen außerhalb seiner Grenzen betrieben wird. Dies ist bspw. der Fall, wenn der Fahrer die Kontrolle über das Fahrzeug verloren hat oder der Versuch vor Erreichen des Fahrzeugstillstands beendet ist. In solchen Situationen muss das Bewegungssystem in einen sicheren Zustand überführt werden.

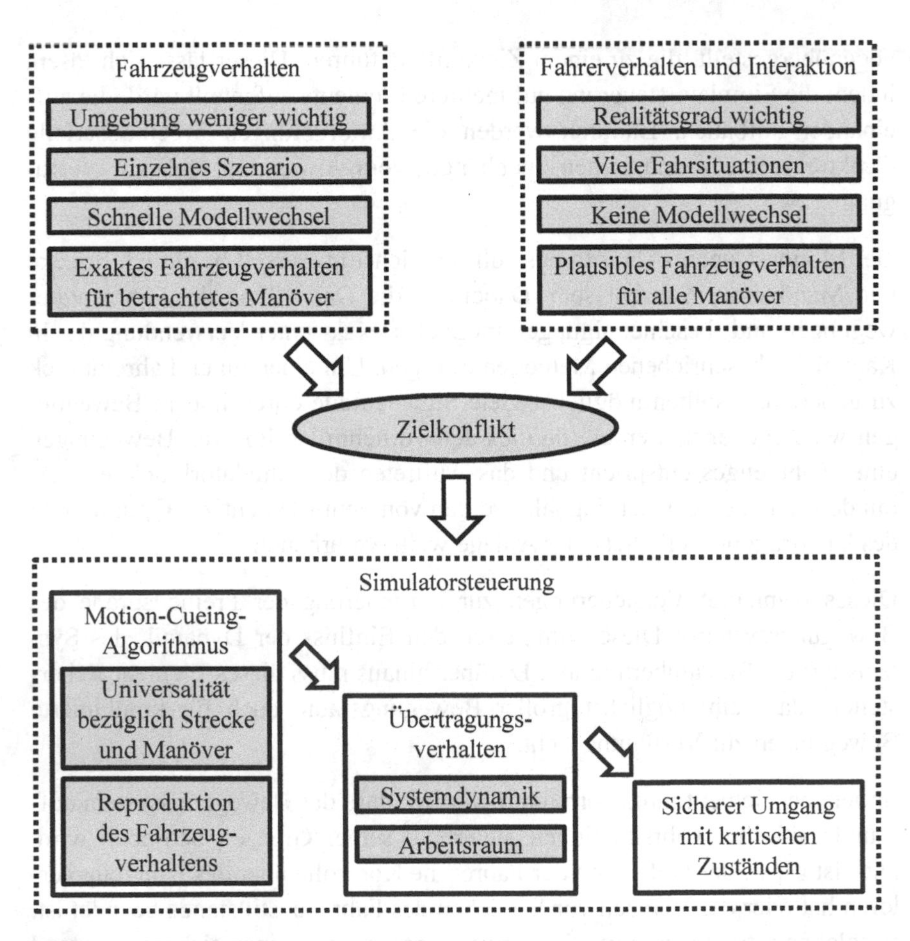

Abbildung 3.1: Zielkonflikt aus der Anforderungsanalyse

Der Fokus dieser Arbeit liegt auf den ersten beiden Elementen. Da der Motion-Cueing-Algorithmus auf den Optimierungen des Übertragungsverhaltens aufbaut, wird im folgenden Kapitel zunächst auf diese eingegangen und erst in der Folge der prädiktive Motion-Cueing-Algorithmus vorgestellt. Eine detaillierte Ansicht der gesamten Ansteuerung des Bewegungssystems wird in Kapitel 5.6 gegeben.

4 Analyse und Optimierung der Bewegungsplattform

4.1 Optimierung der Systemdynamik

Um den Fahrsimulator sinnvoll betreiben zu können, wird dieser immer innerhalb seiner bauartbedingten Grenzen verwendet (siehe Tabelle 2.1). Somit lassen sich grobe falsche Motion Cues ausschließen. Innerhalb dieser Grenzen verfügt die Bewegungsplattform über ein dynamisches Übertragungsverhalten. Neben dem Motion-Cueing-Algorithmus hat dieses (unter Annahme eines validen Fahrzeugmodells) direkten Einfluss auf die Differenz zwischen der gewünschten und dem Fahrer präsentierten Fahrzeugbewegung. In Abbildung 4.1 werden die Wirkketten einer realen und einer simulierten Fahrt gegenübergestellt. Unter Simulatordynamik werden sämtliche Teilsysteme des Simulators (Visualisierungs-, Bewegungs-, Akustiksystem, usw.) einschließlich deren Algorithmen zusammengefasst.

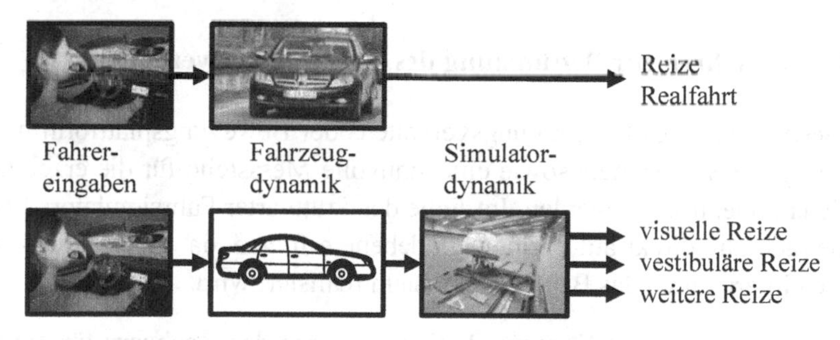

Abbildung 4.1: Wirkketten bei realer und simulierter Fahrt [63]

Zum einen kann die Dynamik des Bewegungssystems Signale zeitlich verzögern. Bei fahrdynamischen Fragestellungen kann eine solche Latenz fälschlicherweise als Fahrzeugverhalten interpretiert werden und führt so zu unbefriedigenden Ergebnissen. Auch das Visualisierungssystem benötigt eine gewisse Zeit zum Bildaufbau. Dies führt zu zeitlichen Unterschieden der vestibulären und visuellen Reizverarbeitung (vgl. Abbildung 2.3), wodurch die Wahrscheinlichkeit des Auftretens einer Kinetose steigt. Auch zeitliche Unterschiede zu anderen Reizen, wie z. B. zu akustischen Informationen, können den Fahreindruck beeinträchtigen.

Zum anderen kann eine Verstärkung oder Dämpfung von Frequenzbereichen stattfinden. Die Unterscheidung zwischen Fahrzeug- und Simulatorverhalten wird in diesem Fall deutlich schwieriger.

Daher sollte jeder Übertragungspfad eines Simulators auf sein dynamisches Verhalten hin untersucht werden. Da der Stuttgarter Fahrsimulator über Freiheitsgrade verfügt, die sich mechanisch überlagern, werden diese getrennt von den Freiheitsgraden betrachtet, welche keine Kopplung aufweisen. Nach einer Beschreibung des Messverfahrens wird im Folgenden zunächst auf ungekoppelte Freiheitsgrade eingegangen, an denen Optimierungen vorgenommen werden. Die Behandlung der redundanten Freiheitsgrade wird in einem eigenen Teilkapitel behandelt. In Kapitel 4.1.4 wird das erreichte dynamische Verhalten des Bewegungssystems dargestellt.

4.1.1 Verfahren zur Bestimmung des Übertragungsverhaltens

Zur Bestimmung des Übertragungsverhaltens der Bewegungsplattform müssen geeignete Soll-Signale sowie eine sinnvolle Messstelle für die erzeugten Ist-Signale identifiziert werden. Im Falle des Stuttgarter Fahrsimulators kann die Betrachtung direkt auf Freiheitsgradebene erfolgen, da die Regelung der Aktoren intern durch das Bewegungssystem realisiert wird.

In Abbildung 4.2 ist die Kommunikation zwischen den Rechnern für die Simulation des Fahrzeugmodells und die Ausführung des Motion-Cueing-Algorithmus mit dem Rechner für die Steuerung des Bewegungssystems dargestellt. Die Kommunikation erfolgt mittels einer Ethernetverbindung, die Botschaften zwischen den Rechnern verwenden UDP[5] als Netzwerkprotokoll.

[5] User Datagram Protocol.

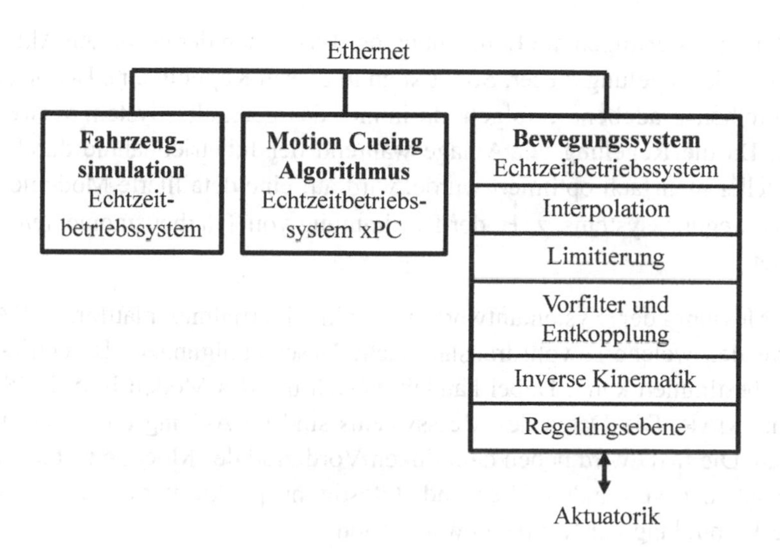

Abbildung 4.2: Kommunikation zwischen den Simulationsrechnern und Elemente der Software des Bewegungssystems

Ebenfalls dargestellt sind die wesentlichen Berechnungen, die direkt von dem Bewegungssystem vorgenommen werden. Die empfangenen Signale werden zunächst mit dem in Abbildung A.1 gezeigten Verfahren interpoliert. Diese dient zur Glättung der empfangenen Signale und hat gegenüber einer Filterung den Vorteil, dass keine zeitliche Verzögerung entsteht. Nach der Interpolation werden die Signale limitiert. Daraus folgt, dass für jeden Freiheitsgrad der Anlage neben der Position auch die Geschwindigkeit und Beschleunigung übermittelt werden müssen. Um sämtliche Freiheitsgrade zu steuern sind somit 24 Signale notwendig.

Um die Dynamik des Bewegungssystems zu verbessern sind für einige Freiheitsgrade bereits Vorfilter auf dem Bewegungssystem implementiert. Für lineare und rotatorische Bewegungen des Hexapods in bzw. um die Längs- oder Querachse stützt sich dieser mechanisch am Schlittensystem ab. Das Schlittensystem gerät durch diesen Effekt in Bewegung, was zu einer ungewollten Beschleunigung des Simulators führt. Um dies zu verhindern, sind am Bewegungssystem bereits Filter zur Entkopplung implementiert, die diesen Effekt weitgehend unterdrücken.

Im Anschluss erfolgen die Berechnung der Positionen der einzelnen Aktuatoren und die Regelung dieser. Somit kann in diesen Kapiteln eine Betrachtung auf Freiheitsgradebene erfolgen, da immer das geregelte System verwendet wird. Da die Regelung der Anlage während der Inbetriebnahme durch den Hersteller mehrfach optimiert wurde, wird auf eine detaillierte Modellierung des Bewegungssystems, z. B. der Bestimmung von Trägheitsmomenten, verzichtet.

Zur Messung der Systemantwort wird eine Inertialmessplattform (IMU[6]) verwendet, welche sowohl translatorische Beschleunigungen als auch Drehraten bestimmen kann. Dabei handelt es sich um das Modell iDIS-FMS der Firma iMAR. Die Daten des Messsystems sind im Anhang und in [100] zu finden. Die IMU wird neben dem linken Vorderrad des Mockup fest mit dem Kuppelboden verbunden. Hier sind Befestigungspunkte vorhanden, die eine feste Verbindung zur Kuppel gewährleisten.

Als Soll-Signale werden Ausgänge des Fahrzeugmodells gemäß der DIN ISO 8855 [78] verwendet, welche mit der genutzten Messtechnik ermittelt werden können. Diese Signale werden daher direkt auf der Echtzeit-Hardware generiert, welche auch zur Simulation der Fahrzeugmodelle dient. Somit ist gewährleistet, dass die gesamte Signalkette berücksichtigt wird. Es werden sowohl die Laufzeiten zur Datenübertragung zwischen verschiedenen Rechnern als auch die Signalverarbeitung mit gemessen. Die Übertragung der Sollgrößen erfolgt, unter Ausschluss zeitlicher Verzögerungen, gesondert.

Die Aufzeichnung der Soll- und Ist-Signale erfolgt mit einem Messsystem mit zentralem Taktgeber der Firma Dewetron, um eine einheitliche Zeitbasis sicherzustellen. Das Messsystem arbeitet mit einer Frequenz von 300 Hz. Die Anordnung der Messtechnik sowie die Signalverläufe sind in Abbildung 4.3 dargestellt.

---

[6] Inertial-Measurement-Unit.

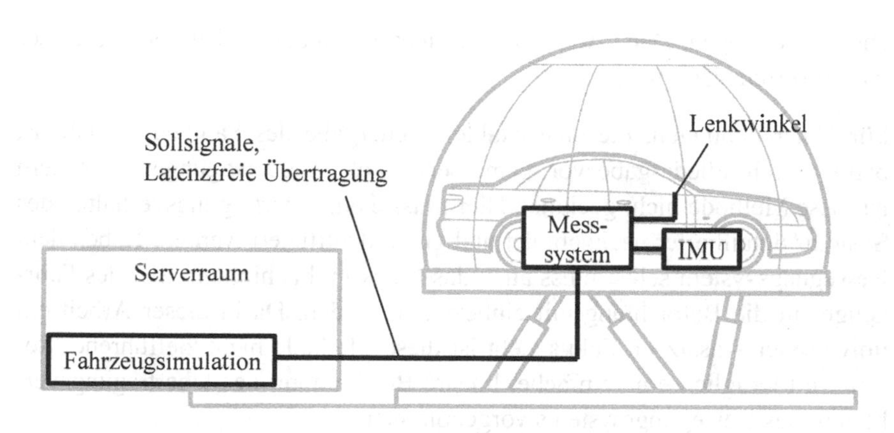

Abbildung 4.3: Messtechnische Erfassung des Übertragungsverhaltens

Wie in Kapitel 3.1.1 beschrieben, soll es mit Hilfe der in dieser Arbeit dargestellten Methode möglich sein, Unterschiede zwischen zwei modellierten Fahrzeugvarianten im Simulator zu identifizieren, die in der Realität gleichgerichtet wiedergefunden werden können. Dabei wird das Verhalten der Anlage grundlegend, für verschiedene Anwendungen betrachtet. Daher wird die IMU auf dem Kuppelboden und nicht im Fahrzeuginneren angebracht. Es wird vorausgesetzt, dass sämtliche Effekte durch Elastizitäten sowohl im Bewegungssystem selbst als auch im Mockup bzw. an der Verbindung zwischen Mockup und Kuppel immer vorhanden sind und somit den Unterschied zwischen Fahrzeugvarianten nur geringfügig beeinflussen.

Im Übertragungsverhalten des Bewegungssystems können, bspw. durch Reibung, Nichtlinearitäten auftreten. Im Fall des Stuttgarter Fahrsimulators tritt ein solcher Effekt durch Haftreibung am Schlittensystem auf. Diese nichtlinearen Einflüsse sind ebenfalls für verschiedene Fahrzeugvarianten vorhanden und beeinflussen somit die Bewertung der Unterschiede zwischen den Varianten nicht. Weiterhin können solche Effekte durch Überlagerungen, bspw. durch Fahrbahnanregungen, kaschiert werden. Darüber hinaus beschreibt [63], dass Nichtlinearitäten bei typischen Bewegungsplattformen vernachlässigt werden können. Dies zeigen auch Messungen am Stuttgarter Fahrsimulator mit verschiedenen Fahrzeugmodellen und somit unterschiedlichen Anregungen. Daher werden Nichtlinearitäten bei der Zielsetzung dieser Arbeit vernachlässigt.

Für Untersuchungen, die eine exakte Wiedergabe des Fahrzeugverhaltens, bspw. durch Wiedergabe von gemessenen Fahrzeugbewegungen, erfordern ist diese Methode nicht geeignet. Hier müsste das Übertragungsverhalten des Systems detaillierter nachgebildet und ggfs. identifiziert werden. Neben dem Bewegungssystem selbst muss auch das Mockup, bis hin zum Sitz des Fahrzeuges in die Betrachtung mit einbezogen werden. Da in dieser Arbeit ein universeller Ansatz im Fokus steht ist diese Methode nicht zielführend. Somit wird lediglich eine einfache, lineare Bestimmung des Übertragungsverhaltens des Bewegungssystems vorgenommen.

Um ein nichtparametrisches Modell des Ein-/Ausgangsverhalten des Bewegungssystems zu bestimmen, wird dieses mit periodischen Signalen innerhalb des Arbeitsbereiches beaufschlagt. Es werden sinusförmige Signale verwendet und deren Frequenz variiert. Die Frequenz steigt quadratisch über der Zeit bis zur festgelegten Maximalfrequenz an, um ausreichend Messzeit für jede Frequenz gewährleisten zu können [73].

Wie eingangs beschrieben müssen für jeden Freiheitsgrad neben der Position auch die Geschwindigkeit und Beschleunigung übermittelt werden. Die Soll-Signale werden entsprechend den in Tabelle 2.1 aufgeführten Grenzen des Systems gewählt. Ein Beispiel für einen rotatorischen Freiheitsgrad ist in Abbildung 4.4 dargestellt. Um keine zu großen Winkelgeschwindigkeiten und -beschleunigungen zu erzeugen, nimmt der Sollwinkel mit steigender Frequenz ab. Um den physikalischen Zusammenhang der drei Signale zu belegen wird in Abbildung 4.5 eine Detailansicht des Beginns des Signales gezeigt.

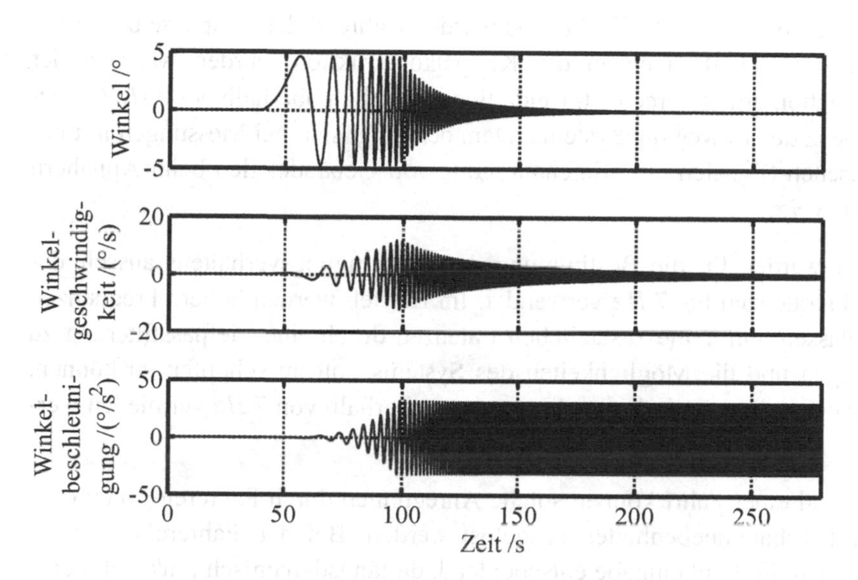

Abbildung 4.4: Signal zur Ansteuerung eines rotatorischen Freiheitsgrades

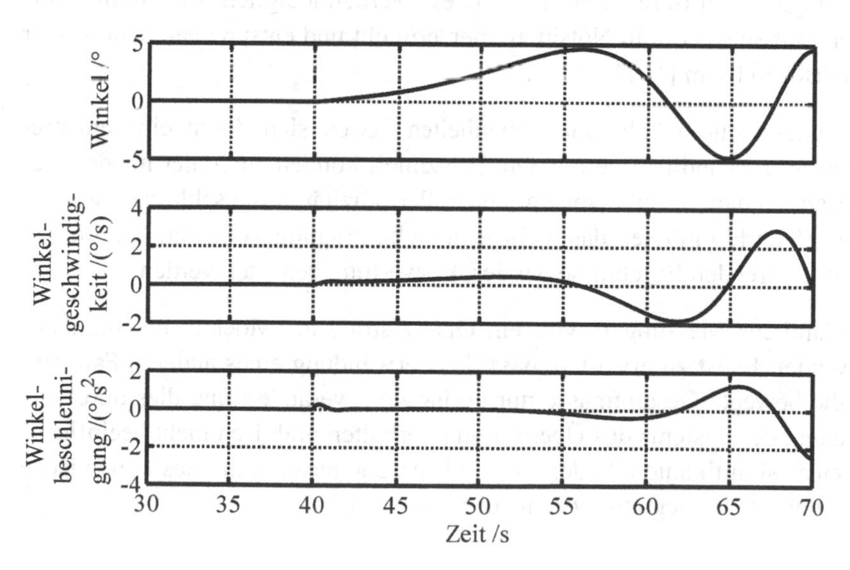

Abbildung 4.5: Detailansicht des Signales zur Ansteuerung eines rotatorischen Freiheitsgrades

Die Eigenmoden des Hallenbodens wurden während der Bauphase bestimmt. Auch die Eigenfrequenzen der Kuppelkonstruktion wurden während der Konzeptionierung berechnet. Beide liegen deutlich oberhalb der 8 Hz Grenzfrequenz des Bewegungssystems. Dennoch zeigt sich bei Messungen mit periodischen Signalen eine Eigenanregung von Gebäudeteilen beim Annähern an ca. 8 Hz.

Daher werden für die Bestimmung des Übertragungsverhaltens ausschließlich Frequenzen bis 7 Hz verwendet. Im Betrieb werden höhere Frequenzen zugelassen, um keine zusätzlichen Latenzen durch eine Tiefpassfilterung zu erzeugen und die Möglichkeiten des Systems voll ausschöpfen zu können. Dennoch sollten periodische Anregungen oberhalb von 7 Hz vermieden werden.

Während einer Fahrt können solche Anregungen durch Fahrereingaben oder über Fahrbahnunebenheiten ausgelöst werden. Bei den Fahrereingaben ist vor allem die Lenkeingabe entscheidend, da längsdynamisch praktisch keine periodischen Anregungen auftreten können. Bei normaler Fahrweise liegen Lenkeingaben im Bereich bis 1 Hz. Diese werden lediglich bei extrem sportlicher Fahrweise oder in Notsituationen erreicht und entsprechen dann keiner periodischen Form [101].

Anregungen durch Fahrbahnunebenheiten lassen sich durch eine entsprechende Vorbehandlung vermeiden. Prinzipiell können auch hier höhere Frequenzen enthalten sein, solange eine Periodizität ausgeschlossen werden kann. Weiterhin müssen das nicht ideale Übertragungsverhalten und die damit resultierenden Ergebnisse bei der Auswertung beachtet werden.

Für sämtliche Messungen wird ein Opel Astra J als Mockup im Simulator verwendet. Es ist zu erwarten, dass die Verwendung eines anderen Fahrzeuges die bewegte Gesamtmasse nur geringfügig verändert und dies durch die Regelung des Systems das Übertragungsverhalten praktisch nicht beeinflusst. Bei einer signifikanten Änderung der Fahrzeugmasse sollte das dynamische Verhalten des Bewegungssystems überprüft werden.

4.1.2 Einzelne Freiheitsgrade

Um das aktuelle Verhalten des Stuttgarter Fahrsimulators festzustellen, werden die mechanisch ungekoppelten Freiheitsgrade einzeln angesteuert. Die Bewegungen werden im Simulatorreferenzpunkt wiedergegeben.

In diesem Kapitel wird auf das Übertragungsverhalten von Freiheitsgraden eingegangen, an denen Veränderungen vorgenommen werden. Es werden lediglich der ursprüngliche Zustand sowie die vorgenommene Anpassung beschrieben. Das erzielte Übertragungsverhalten ist für alle Freiheitsgrade in Kapitel 4.1.4 beschrieben.

Das Übertragungsverhalten wird mittels Amplituden- und Phasengang dargestellt. Die Phasengänge werden teilweise normiert dargestellt. Als Basis wird der Freiheitsgrad der Gierbewegung des Hexapod gewählt, da dieser den geringsten Wert aufweist. Sämtliche relevanten Phasen auf den Wert der Gierbewegung bei 7 Hz normiert.

Um etwaige Unterschiede zwischen Soll- und Istverhalten auszugleichen, kann eine Regelung oder eine Filterung am offenen Kreis eingesetzt werden. Für eine übergeordnete Regelung ist eine Rückführung notwendig, die Informationen zur aktuellen Lage der Plattform liefert. Hierfür zusätzliche, fest verbaute Messtechnik einzusetzen würde einen hohen Aufwand bedeuten. Alternativ könnte die aus den Positionen der Antriebe berechnete Plattformposition verwendet werden. Diese liegt, durch eine maximale Übertragungsrate des Systems von 250 Hz, nur alle 4 ms vor. In die Regelung der Anlage kann nicht direkt eingegriffen werden. Aufgrund der Stabilität des Systems und der genannten Schwierigkeiten wird daher eine reine Vorfilterung implementiert.

In Abbildung 4.6 ist die laterale Bewegung des Hexapods dargestellt. Es ist zu erkennen, dass zwischen 2 Hz und 6 Hz keine Verstärkung von eins erreicht werden kann.

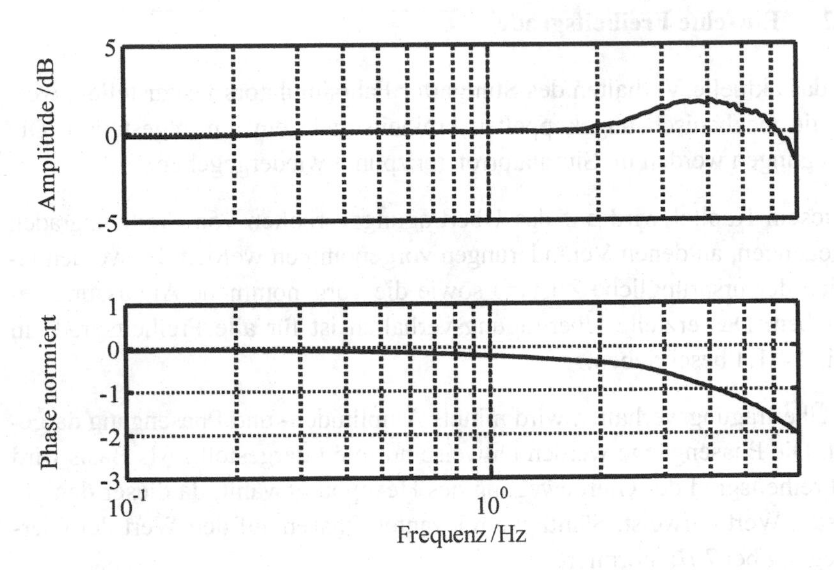

Abbildung 4.6: Bodediagramm der lateralen Hexapodbewegung $\ddot{y}_{Hex}$.

Um dies zu korrigieren wird das in [74] beschriebene Verfahren des Hinzufügens von Korrekturgliedern zum offenen Kreis angewendet. In diesem Fall wird das „phasenabsenkende Korrekturglied" verwendet, welches einen integrierenden Charakter zwischen den betrachteten Frequenzen aufweist und somit in diesem Bereich auch die Amplitude verringert. [74]

Daraus folgt, dass ein Kompromiss für die Absenkung der Amplitude und der damit einhergehenden zeitlichen Verzögerung gefunden werden muss. Unter den beschriebenen Kriterien wird für die Bewegung des Hexapods in $y_{Hex.}$ das in Gl. 4.1 beschriebene Korrekturglied gewählt. Dieses wird als Vorfilter bei der Ansteuerung des Freiheitsgrades verwendet.

$$G_{FF,Hex.,y}(s) = \frac{(0{,}038s + 1)^4}{(0{,}04s + 1)^4} \qquad \text{Gl. 4.1}$$

Für die rotatorischen Nick- und Rollbewegungen des Hexapods ist das Übertragungsverhalten in Abbildung 4.7 dargestellt. Hierbei ist zu erkennen, dass ab Frequenzen von ca. 3 Hz eine Verstärkung vorliegt. Um auszuschließen, dass der Verlauf über 7 Hz auf ein Aufschwingen hinweist, wird eine Messung bei 7,5 Hz durchgeführt, welche, wie bei den anderen Freiheitsgraden, auf ein abklingendes Verhalten schließen lässt.

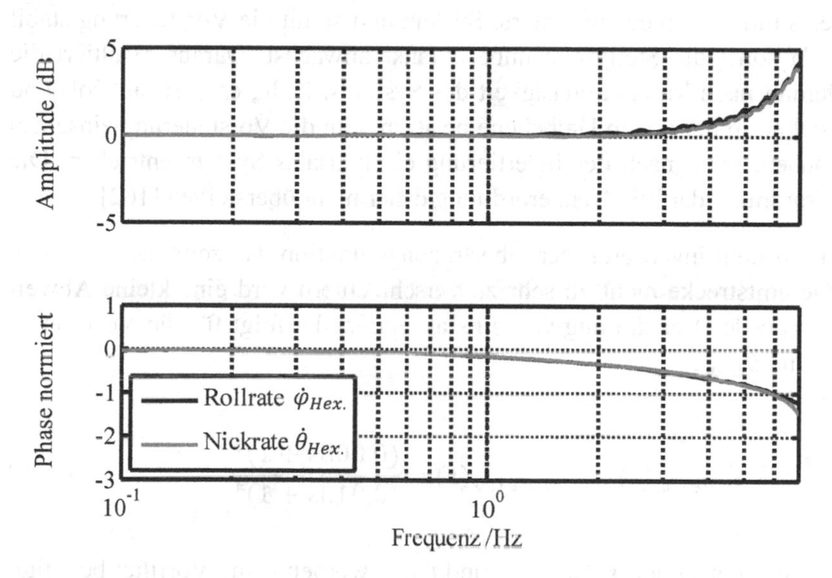

Abbildung 4.7: Bodediagramm der rotatorischen Hexapodbewegungen $\dot{\varphi}_{Hex.}$ und $\dot{\theta}_{Hex.}$

Bei diesen Drehbewegungen stützt sich der Hexapod in einer der beiden Bewegungsrichtungen des Schlittensystems ab. Daher sind bereits Entkopplungsfilter auf der Regelungsebene der Aktuatorik implementiert. Diese können eine Auslenkung des Schlittensystems weitestgehend verhindern.

Da sich das Verhalten der beiden rotatorischen Freiheitsgrade praktisch entspricht, wird für beide Freiheitsgrade ein identisches Vorfilter entworfen. Bei dessen Entwurf wird ebenfalls das oben beschriebene Verfahren eingesetzt und ein Kompensationsfilter erstellt. Um dieses möglichst optimal auszulegen wird der Entwurf an das Verfahren der inversionsbasierten Vorsteuerung angelehnt. Dabei wird das Verhalten des betrachteten Systems zunächst in einer Übertragungsfunktion abgebildet. Anschließend wird das Vorfilter durch invertieren dieser Übertragungsfunktion gebildet. Im Idealfall wird somit das gesamte Systemverhalten kompensiert.

Um dieses Verfahren einsetzen zu können, muss das betrachtete System bzw. dessen Modell einige Voraussetzungen erfüllen. Neben der Stabilität des Systems muss auch das invertierte System und somit die Vorsteuerung stabil sein, da sonst die Stellgröße unbeschränkt anwächst. Daraus resultiert die Forderung nach Minimalphasigkeit des Systems. D. h., es darf nur Pol- und Nullstellen in der linken Halbebene besitzen. Um die Vorsteuerung einsetzen zu können, muss nach der Invertierung ein kausales System entstehen. Die Zählerordnung darf die Nennerordnung daher nicht übersteigen [102].

Um nach dem invertieren der Übertragungsfunktion das zeitliche Verhalten der Gesamtstrecke nicht zu sehr zu verschlechtern wird eine kleine Abweichung von der Verstärkung von eins akzeptiert. Es folgt für die Vorfilter in $\varphi_{Hex.}$ und $\theta_{Hex.}$:

$$G_{FF,Hex.,\varphi}(s) = G_{FF,Hex.,\theta}(s) = \frac{(0{,}008s + 1)^4}{(0{,}013s + 1)^4} \quad \text{Gl. 4.2}$$

Für die Freiheitsgrade $x_{Hex.}, z_{Hex.}$ und $\psi_{Hex.}$ werden keine Vorfilter benötigt. Das Verhalten dieser Freiheitsgrade ist in Kapitel 4.1.4 dargestellt.

4.1.3 Mechanisch gekoppelte Freiheitsgrade

Um den Einfluss der Dynamik der mechanisch gekoppelten Freiheitsgrade von Hexapod und Schlittensystem in Längs- bzw. Querrichtung zu minimieren, muss neben deren einzelnen Übertragungsverhalten auch der Einfluss aufeinander betrachtet werden.

Bei den in Kapitel 2.7 beschriebenen klassischen Motion-Cueing-Algorithmen werden die Signale zwischen translatorischer Hexapodbewegung und Schlittenbewegung mit einer Frequenzweiche aufgeteilt. Die Auswahl der Filterordnung und der Parameter findet aufgrund des zur Verfügung stehenden Arbeitsraumes und der darzustellenden Beschleunigungen statt. Das Übertragungsverhalten der beiden Systeme wird nicht beachtet. Bei einer ungünstigen Wahl der Filterparameter kann daher der Einfluss des Bewegungssystems auf die Signaldarstellung steigen und die Abweichung zwischen Soll- und Ist-Bewegungen vergrößern. Dies kann vermieden werden, indem ausschließlich das Schlittensystem für den betrachteten Freiheitsgrad verwendet wird [103], was eine sehr hohe Dynamik dessen voraussetzt. Da das Schlittensystem der betrachteten Anlage den Anforderungen nicht genügt, kann diese Methode hier nicht angewandt werden. Im Folgenden wird eine Frequenzweiche für das Bewegungssystem des Stuttgarter Fahrsimulators hergeleitet, um die gute Dynamik des Hexapods mit dem großen Arbeitsraum des Schlittensystems zu kombinieren.

Um die Darstellungsmöglichkeiten des Hexapods für die weiteren vier Freiheitsgrade nicht stark einzugrenzen, soll der laterale und longitudinale Arbeitsraum möglichst wenig ausgeschöpft werden. Daraus folgt, dass für ein möglichst großes Frequenzspektrum die Schlittensysteme genutzt werden sollen und der Hexapod lediglich Abweichungen zwischen geforderten und tatsächlichen Signalen kompensiert. Abbildung 4.8 zeigt den Signalfluss am Beispiel der lateralen Freiheitsgrade. Für die Längsrichtung kann analog vorgegangen werden. Hier entfällt die Vorfilterung für das Hexapod.

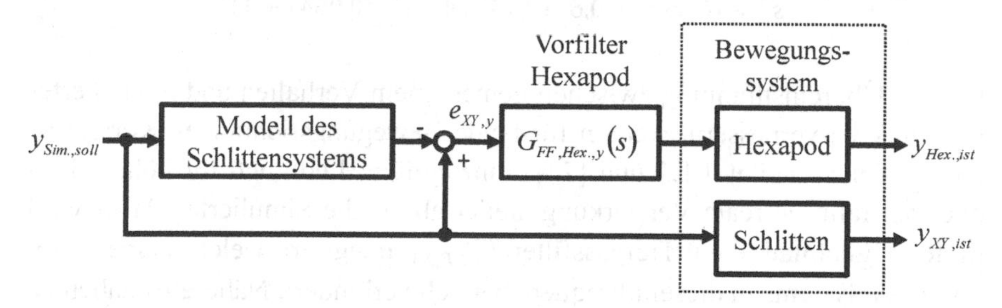

Abbildung 4.8: Kopplung der lateralen Freiheitsgrade

Für die Bestimmung des Fehlers $e_{XY,y}$ kann, analog zu Kapitel 4.1.1, die Rückmeldung des Bewegungssystems zur aktuellen Position der Freiheitsgrade aufgrund der langsamen Kommunikation nicht verwendet werden. Durch den zeitlichen Versatz bei der Bestimmung der aktuellen Position könnte die Differenz nicht ausreichend schnell ausgeglichen werden. Daher soll ein Modell des Schlittensystems zum Einsatz kommen, welches direkt in der Ansteuerung des Bewegungssystems integriert wird und die Dynamik des Schlittensystems simuliert. Dazu wird der Amplitudengang in Quer- und Längsrichtung des Schlittensystems gemessen. Dabei ist zu beachten, dass, wie in Abbildung 4.2 dargestellt, bereits Vorfilter für die beiden Freiheitsgrade auf dem Bewegungssystem implementiert sind.

Für die Bestimmung der Übertragungsfunktion des Schlittensystems ohne Vorfilter wird die System Identification Toolbox von Matlab verwendet. Diese arbeitet bei der Bestimmung der Übertragungsfunktion nach dem Prinzip der kleinsten Fehlerquadrate [104]. Die ersten Terme in Gl. 4.3 und Gl. 4.4 stellen die ermittelten Übertragungsfunktionen der beiden Freiheitsgrade des Schlittensystems dar.

$$G_{XY,x}(s) = \frac{4{,}18s + 75{,}03}{s^2 + 12{,}58s + 75{,}03} \cdot \frac{(0{,}145s + 1)^2 \cdot (0{,}094s + 1)^2}{(0{,}16s + 1)^2 \cdot (0{,}08s + 1)^2} \qquad \text{Gl. 4.3}$$

$$G_{XY,y}(s) = \frac{2{,}64s + 60{,}6}{s^2 + 10{,}59s + 60{,}6} \cdot \frac{(0{,}117s + 1)^2 \cdot (0{,}08s + 1)^2}{(0{,}133s + 1)^2 \cdot (0{,}064s + 1)^2} \qquad \text{Gl. 4.4}$$

Um die Übereinstimmung zwischen gemessenem Verhalten und modellierter Dynamik zu verbessern, werden für beide Bewegungsrichtungen Korrekturterme (siehe Kapitel 4.1.2 und [74]) hinzugefügt. Lediglich für höhere Frequenzen fällt die reale Verstärkung steiler ab als die Simulierte. Daher wird in den Signalpfad je ein Tiefpassfilter $TP_{FF,XY}$ integriert, welches eine Anregung des Systems in diesem Frequenzbereich verhindert. Nähere Angaben zu den verwendeten Filtern finden sich im Anhang. Der Signalpfad für die Anregung ergänzend zu Abbildung 4.8 ist für die laterale Bewegungsrichtung in Abbildung 4.9 dargestellt. Für den longitudinalen Fall gilt entsprechendes.

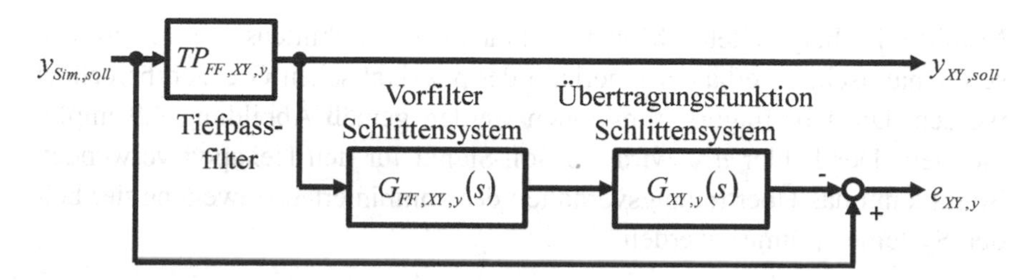

Abbildung 4.9: Gesamtmodell Schlittensystem

Abbildung 4.10 zeigt den gemessenen und simulierten Amplitudengang der aufgebauten Frequenzweiche nach Abbildung 4.8 und Abbildung 4.9. Die Dynamik ist in longitudinaler Richtung etwas geringer. Dies liegt hauptsächlich an der deutlich höheren bewegten Masse. Während in Querrichtung max. 9 t verfahren werden, beträgt die Gesamtmasse des Systems und damit die bewegte Masse in Längsrichtung max. 19 t.

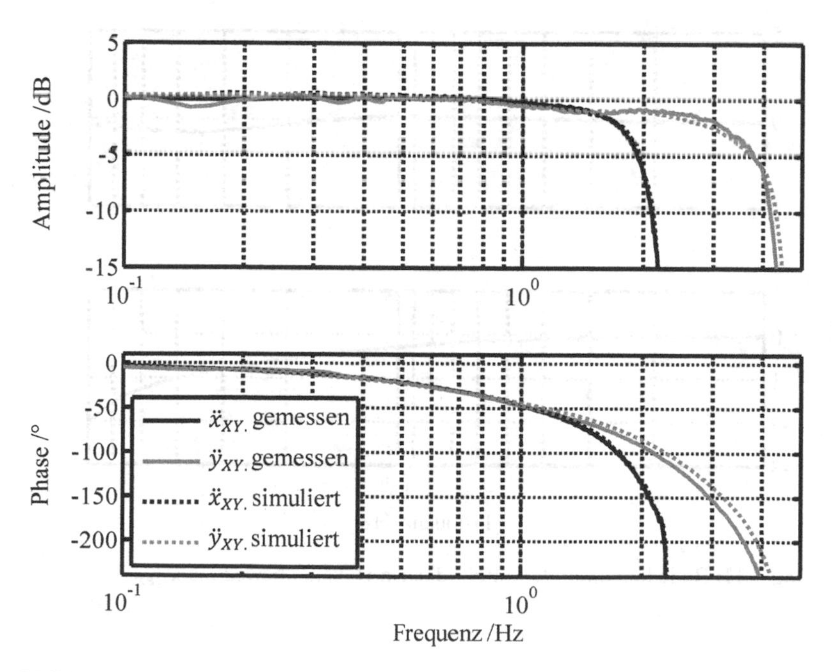

Abbildung 4.10: Bodediagramm der gemessenen und simulierten Schlittenbewegungen

Mithilfe der hergeleiteten Modellstruktur für das Schlittensystem kann dessen dynamisches Verhalten innerhalb der physikalischen Grenzen berechnet werden. Die Übertragungsfunktionen werden gemäß Abbildung 4.9 implementiert. Der Fehler e_{XY} wird als Soll-Signal für den Hexapod verwendet. Somit kann das Übertragungsverhalten der kombinierten Bewegung der beiden Systeme optimiert werden.

4.1.4 Erzieltes Übertragungsverhalten

Die Abbildungen 4.11 bis 4.18 stellen das resultierende Übertragungsverhalten des Bewegungssystems dar. Neben den sechs Freiheitsgraden des Hexapods sind in Abbildung 4.13 und Abbildung 4.14 die kombinierten Bewegungen von Hexapod und Schlittensystem für die longitudinale und laterale Richtung dargestellt.

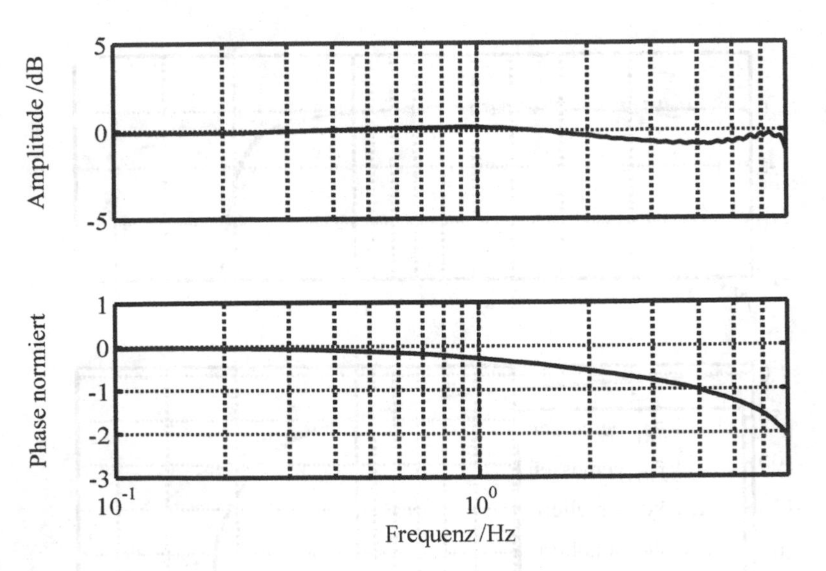

Abbildung 4.11: Bodediagramm der longitudinalen Hexapodbewegung $\ddot{x}_{Hex}$.

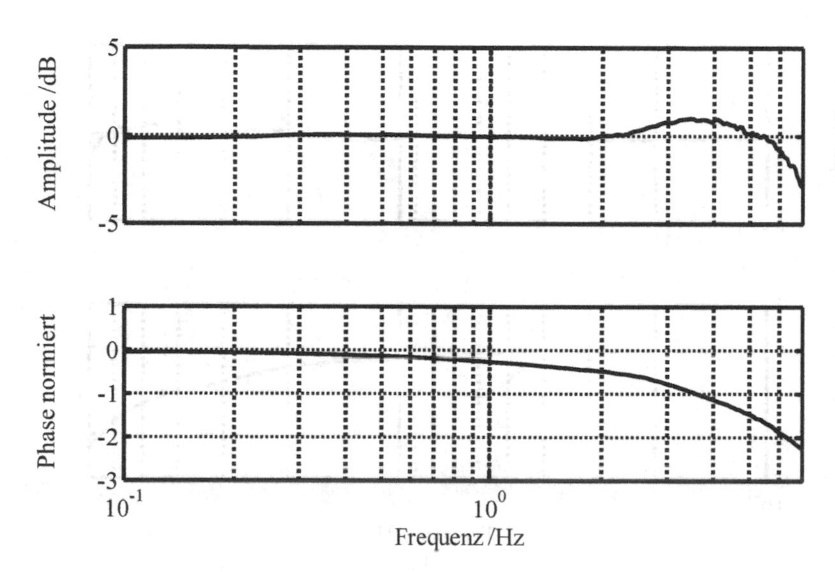

Abbildung 4.12: Bodediagramm der optimierten lateralen Hexapodbewegung $\ddot{y}_{Hex}$.

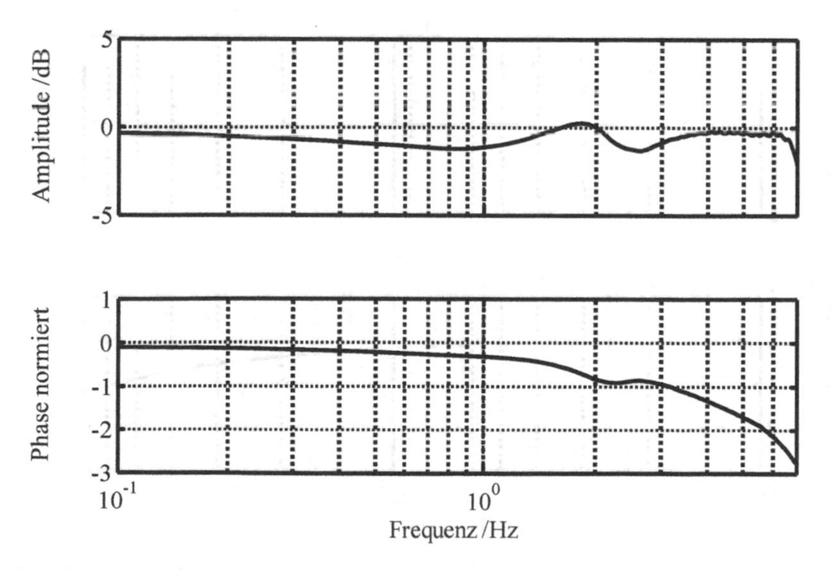

Abbildung 4.13: Bodediagramm der kombinierten longitudinalen Simulatorbewegung $\ddot{x}_{Sim}$.

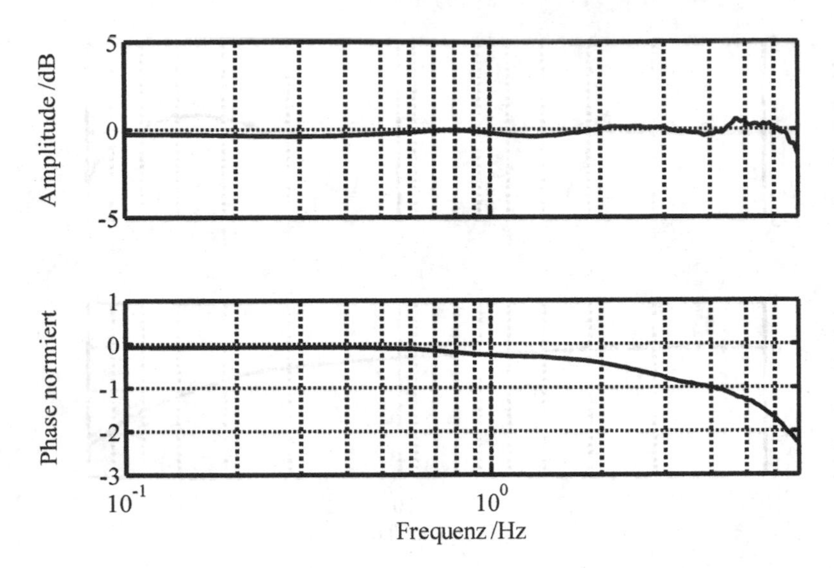

Abbildung 4.14: Bodediagramm der kombinierten lateralen Simulatorbewegung $\ddot{y}_{Sim}$.

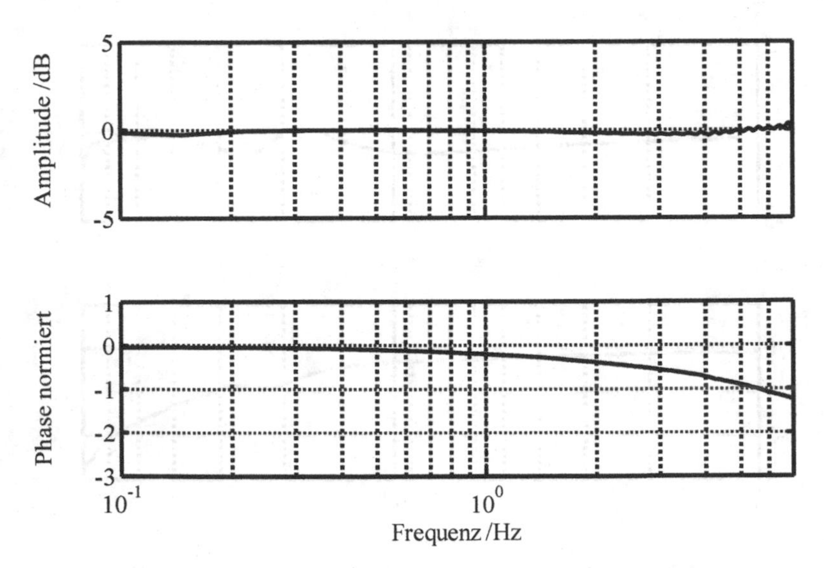

Abbildung 4.15: Bodediagramm der vertikalen Hexapodbewegung $\ddot{z}_{Hex}$.

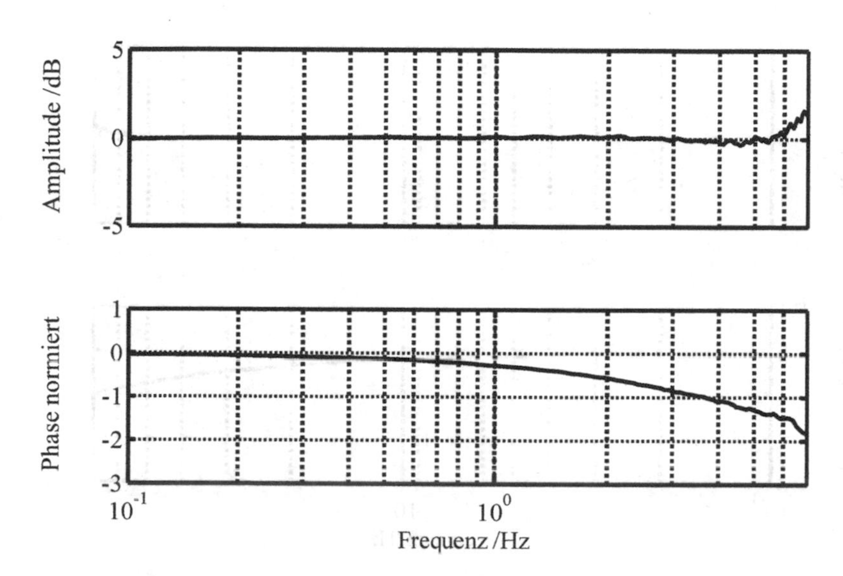

Abbildung 4.16: Bodediagramm der optimierten Rollbewegung des Hexapods $\dot{\varphi}_{Hex}$.

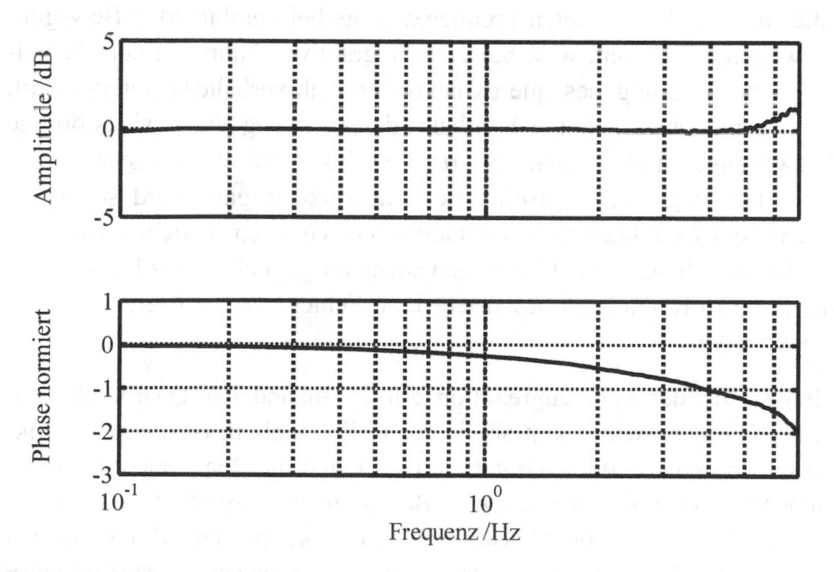

Abbildung 4.17: Bodediagramm der optimierten Nickbewegung des Hexapods $\dot{\theta}_{Hex}$.

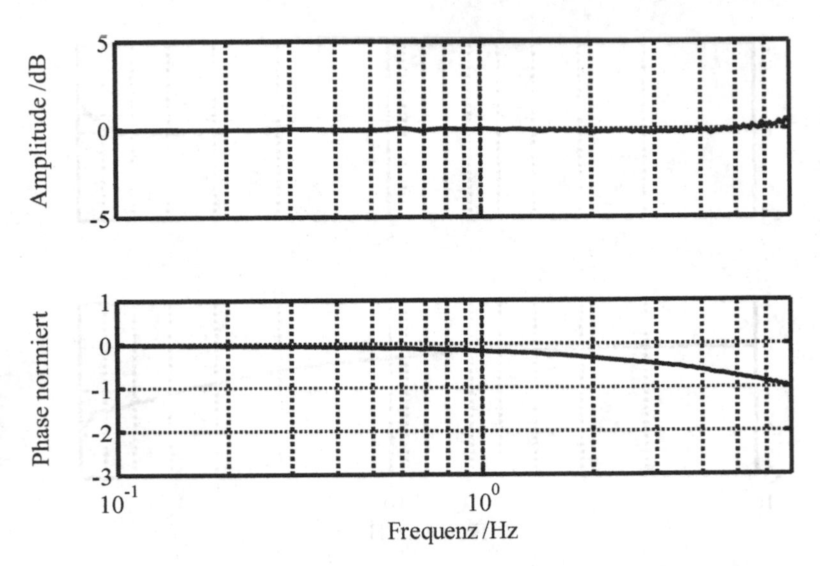

Abbildung 4.18: Bodediagramm der Gierbewegung des Hexapods $\dot{\psi}_{Hex}$.

Um die Güte der hergeleiteten Frequenzweiche bei kombinierten Bewegungen bewerten zu können, wird bei einer interaktiven Fahrt mit dem Fahrsimulator eine Messung des querdynamischen Fahrverhaltens durchgeführt. Dazu wird auf einer geraden Fahrbahn das Fahrzeug durch sinusförmige Lenkbewegungen mit steigender Frequenz bis $4\,Hz$ bei konstanter Geschwindigkeit angeregt [97,105]. Die Lenkwinkelvorgabe wird so ausgeführt, dass der Simulator nie außerhalb seiner Grenzen betrieben wird. Da durch das Schlittensystem Drehungen nicht ausgeglichen werden können, kann es, wie in Kapitel 2.6 beschrieben, zu Fehlern in den lateralen Bewegungen kommen.

Die Bewertung der Fahrzeugreaktion erfolgt anhand der Querbeschleunigung, der Giergeschwindigkeit sowie des Rollwinkels in Bezug zum Lenkradwinkel. In den Abbildungen 4.19 bis 4.20 sind die Reaktionen des Fahrzeugmodells sowie die gemessenen Bewegungen dargestellt. Um unterschiedliche Positionen von Messtechnik in der Kuppel und Referenzpunkt des Fahrzeugmodells zu korrigieren, werden entsprechende Transformationen vorgenommen.

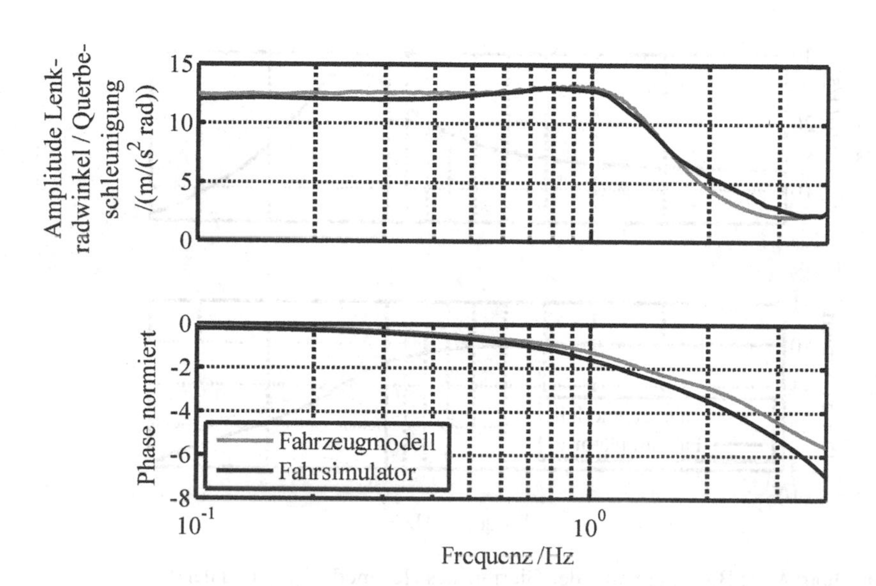

Abbildung 4.19: Bodediagramm der kombinierten lateralen Simulatorbewegung $\ddot{y}_{Sim.}$ und der Fahrzeugreaktion

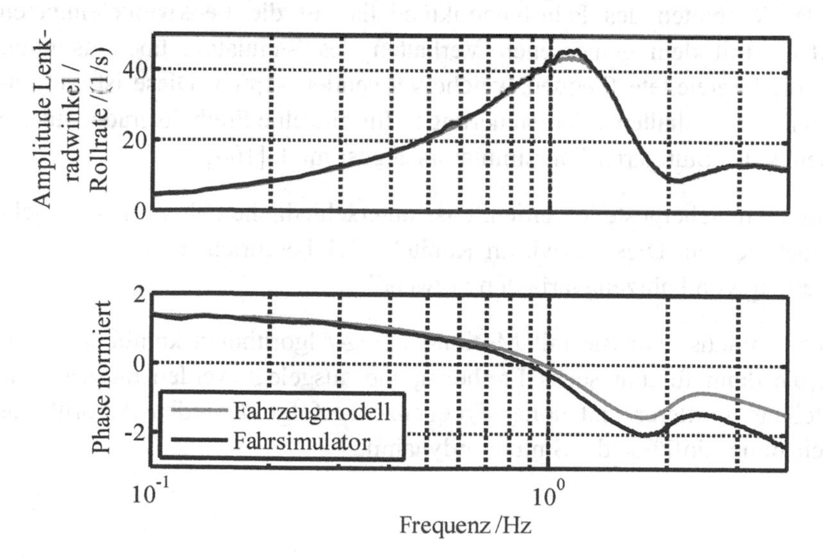

Abbildung 4.20: Bodediagramm der Rollrate des Hexapods $\ddot{\varphi}_{Hex.}$ und der Fahrzeugreaktion

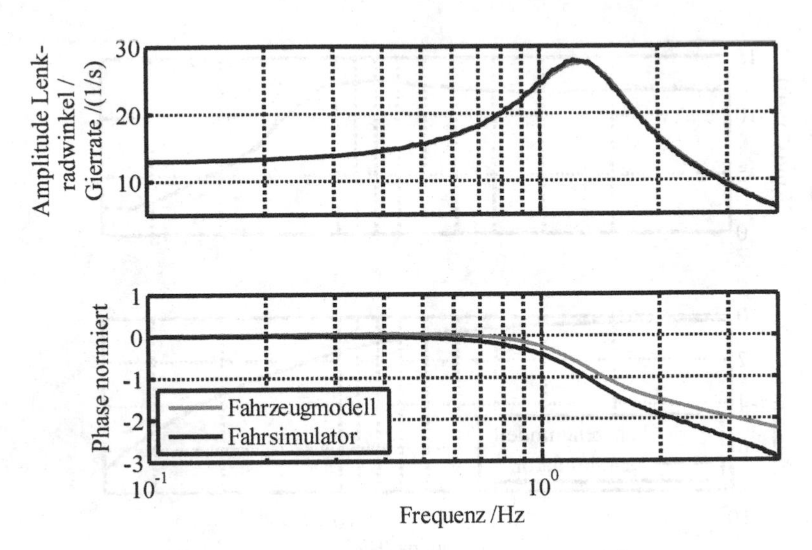

Abbildung 4.21: Bodediagramm der Gierrate des Hexapods $\ddot{\psi}_{Hex.}$ und der Fahrzeugreaktion

Da das Verhalten des Fahrdynamikmodells auf die Lenkwinkeleingaben praktisch mit dem gemessenen Verhalten des Simulators übereinstimmt, kann die hergeleitete Frequenzweiche verwendet werden. Diese ist, zusammen mit den enthaltenen Vorsteuerungen für einzelne Freiheitsgrade, auf die Dynamik des Stuttgarter Fahrsimulators abgestimmt. [106]

Somit kann sichergestellt werden, dass unterschiedliche Fahrverhalten nachgebildet werden. Dies ist, wie in Kapitel 3.1.1 beschrieben, gerade bei der Bewertung von Fahrzeugvarianten notwendig.

Darüber hinaus kann sie mit Motion-Cueing-Algorithmen kombiniert werden, die dann für nur sechs Freiheitsgrade ausgelegt werden müssen. Die Aufteilung mittlerer und hoher Frequenzen erfolgt für jeden Algorithmus gleich, ohne Einflüsse der Simulatordynamik.

4.2 Optimierung des Bewegungsraumes

Um Analysen und Optimierungen am Bewegungsraum vornehmen zu können, muss dieser zunächst mathematisch beschrieben werden. Für das Schlittensystem ist dies trivial. Für Bewegungen des Hexapods muss für die Beschreibung des Arbeitsraumes der Arbeitsbereich der einzelnen Aktuatoren ebenfalls beachtet werden. Bei Erreichen einer der in Tabelle 2.1 beschriebenen Grenzen sind einzelne oder alle Aktuatoren in ihren Endpostionen. Daher kann dann keine weitere Bewegung in einem anderen Freiheitsgrad ausgeführt werden. Eine Bewegung des Hexapods in einem Freiheitsgrad beeinflusst somit auch den Bewegungsraum anderer Freiheitsgrade. Um diesen Zusammenhang zu beschreiben, wird die mathematische Modellierung in inverse und direkte Kinematik des Hexapods aufgeteilt.

Die inverse Kinematik bestimmt die Länge der einzelnen Aktuatoren in Abhängigkeit der sechs Freiheitsgrade. Dabei wird mittels analytischer Vektorrechnung für jede Plattformposition genau eine Lösung für die Aktuatorlängen gefunden [35,107].

Die direkte Kinematik ermittelt die Position der Plattform aus den einzelnen Aktuatorlängen. Es ergibt sich ein nichtlineares Gleichungssystem aus sechs Gleichungen mit sechs Unbekannten, für das keine analytische Lösung bekannt ist. Für die Lösung muss auf eine numerische Methode, wie bspw. das Newton-Raphson-Verfahren [108], zurückgegriffen werden [35].

Für den Hexapod des Stuttgarter Fahrsimulators wird in [109] das mathematische Modell hergeleitet. Das Modell der inversen Kinematik ist echtzeitfähig und kann während der Systemlaufzeit zur Feststellung von Verletzungen des Bewegungsraumes während des Betriebes verwendet werden. Das Modell der direkten Kinematik ist aufgrund des verwendeten Näherungsverfahrens nur eingeschränkt echtzeitfähig und dient zur Auslegung von Motion-Cueing-Algorithmen.

Wird die in Kapitel 2.3 vorgestellte Tilt Coordination verwendet um niederfrequente Beschleunigungen darzustellen, sollte der Drehpunkt der Bewegung möglichst an der Position des Fahrerkopfes liegen. Dies verhindert, dass die Maculaorgane im Innenohr zusätzliche Beschleunigungen wahrnehmen, die durch die Rotation entstehen. Wird ein anderer Drehpunkt gewählt, können falsche Motion Cues entstehen, die sowohl von der Position des Drehpunktes bezogen zum Fahrerkopf als auch von der durchgeführten Bewegung abhängen.

Der Hexapod hat seine größten Bewegungsmöglichkeiten bei Drehungen um den Mittelpunkt der oberen Aktuatorenanschläge. Dieser Punkt ist in Abbildung 4.22 als Plattformmittelpunkt angegeben und liegt auf der linken Seite des Bildes auf dem Simulatorreferenzpunkt (vgl. Kapitel 2.6).

Der Abstand vom Plattformmittelpunkt zum Fahrerkopf beträgt im Stuttgarter Fahrsimulator mit einem Opel Astra J als Mockup 0,33 m in Querrichtung und 1,3 m in vertikaler Richtung. In Längsrichtung befindet sich der Fahrer über dem Plattformmittelpunkt.

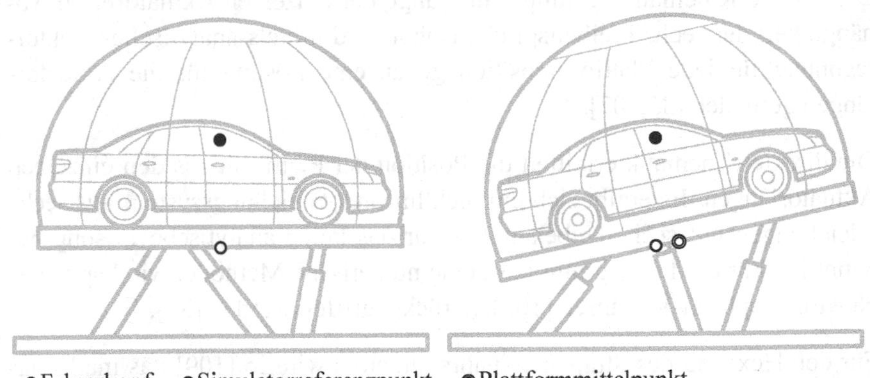

Abbildung 4.22: Drehung des Hexapods zur Tilt Coordination

Um eine stationäre Längsbeschleunigung von $2\ m/s^2$ mit Hilfe der Tilt Coordination zu realisieren, muss der Fahrer um den Winkel

$$\vartheta_{Fahrer} = arcsin\left(\frac{2\frac{m}{s^2}}{g}\right) = -11{,}76° \qquad \text{Gl. 4.5}$$

gedreht werden. Bei einer Drehung um den Fahrerkopf muss durch den Hexapod neben der Rotation auch eine longitudinale und vertikale Bewegung ausgeführt werden. Dies ist qualitativ in Abbildung 4.22 dargestellt. Auf der rechten Seite des Bildes verschiebt sich der Plattformittelpunkt gegenüber dem Simulatorreferenzpunkt. Unter der Annahme einer darzustellenden Beschleunigung von $2\ m/s^2$ wird die Kuppel nach Gl. 4.5 um $-11{,}76\ °$ um die y-Achse gedreht, sowie um $0{,}265\ m$ nach vorne und $0{,}027\ m$ nach oben bewegt. Durch diese linearen Bewegungen reduziert sich der noch zur Verfügung stehende lineare sowie rotatorische Bewegungsraum erheblich.

In Tabelle 4.1 sind die maximal möglichen Winkel für die Roll- und Nickbewegung bei einer Rotation um den Fahrerkopf eingetragen. Im Vergleich zu Tabelle 2.1 sind diese stark eingeschränkt. Die stärkste Einschränkung ergibt sich für negative stationäre Querbeschleunigungen. Diese sind auf $-1{,}8\ m/s^2$ begrenzt. Der Bewegungsraum des Hexapods ist dann voll ausgeschöpft und es können keine weiteren Bewegungen bzw. hochfrequenten Signalanteile mehr wiedergegeben werden.

Tabelle 4.1: Bewegungsraum bei Rotation um den Fahrerkopf

Freiheitsgrad	Bewegungsraum	
φ_{Fahrer}	11,5 °	−10,6 °
θ_{Fahrer}	13,75 °	−13,75 °

In [63] wird eine Änderung an der mechanischen Konfiguration des Hexapods vorgestellt, um dieses Problem zu lösen und direkt im Motion-Cueing-Algorithmus auszunutzen. Dazu wird die Simulatorkuppel am

Hexapod aufgehängt. Die daraus resultierende Änderung in der Kinematik führt zu einem Vorzeichenwechsel in den lateralen und longitudinalen Ausgleichsbewegungen. Dadurch entsprechen sie der gewünschten Bewegungsrichtung und werden im Coordinated Head Rotation Algorithmus direkt verwendet.

Im Falle des Stuttgarter Fahrsimulators ist eine solche mechanische Maßnahme ausgeschlossen. Um den Bewegungsraum zu vergrößern, werden die Ergebnisse aus Kapitel 4.1.3 herangezogen. Durch den Einsatz der Frequenzweichen kann das Schlittensystem ebenfalls für longitudinale und laterale Bewegungen, die aus Drehbewegungen resultieren, mit einbezogen werden. Der Hexapod übernimmt dazu wieder die hochfrequenten, das Schlittensystem folgt für niederfrequente Signalanteile. Dadurch ist ein konsistenter Bewegungsablauf gewährleistet.

Da die Frequenzaufteilung zwischen den Bewegungssystemen dynamisch erfolgt, hängt der Umfang des linearen Weges des Hexapods von der gewünschten Drehbewegung ab. Für diese sind aufgrund der bekannten Wahrnehmungsschwellen aus Kapitel 2.3.3 Grenzen bekannt. Unter Annahme der Limitierung der Drehraten für die Tilt Coordination auf $3\ °/s$ kann unter Verwendung der Frequenzweichen der volle Bewegungsraum aus Tabelle 2.1 ausgenutzt werden. Für Situationen, wie dem in Abbildung 4.22 vorgestellten Beispiel, erhöhen sich die Bewegungsmöglichkeiten des Hexapods für lineare hochfrequente Anteile deutlich, ohne eine mechanische Veränderung am Bewegungssystem. Für das gesamte Beispiel von $0{,}07\ m$ auf $0{,}34\ m$ in positiver longitudinaler Richtung.

Durch die bereits vor der Frequenzweiche implementierte Koordinatentransformation ist es möglich, neben der Position des Fahrerkopfes einen weiteren Drehpunkt für die Fahrzeugsimulation einzufügen, da die Daten meist auf den Fahrzeugschwerpunkt bezogen vorliegen. Da das Mockup im Simulator nicht mit den Dimensionen des simulierten Fahrzeuges übereinstimmen muss, werden die Fahrzeugbewegungen im Simulator im gleichen Abstand zum Fahrer wie im Modell dargestellt. Für die Verwendung eines weiteren Drehpunktes muss daher der Abstand von Fahrzeugschwerpunkt zum Fahrer bekannt sein.

5 Vorausschauender Motion-Cueing-Algorithmus

5.1 Verfügbare Daten und Potenziale durch deren Nutzung

Um die Fahrt mit einem Kraftfahrzeug in einem Simulator nachzubilden, kann, wie in Kapitel 2 beschrieben, die menschliche Wahrnehmung mit verschiedenen Methoden manipuliert werden. Je mehr sich die Fahrzeug- und die Simulatorbewegung unterscheiden, desto höher ist die Wahrscheinlichkeit des Auftretens von Unwohlsein beim Probanden, oder die Bewertbarkeit der Fahrdynamik sinkt. Zur Verbesserung des Fahreindruckes sollte daher der lineare Bewegungsraum bestmöglich ausgenutzt und die Verwendung der Tilt Coordination minimiert werden [110].

Um die Ausschöpfung des linearen Bewegungsraumes zu erhöhen, kann die Bewegungsplattform vorpositioniert werden. Der Classical-Washout-Algorithmus kann dann nur eingeschränkt verwendet werden, da dieser durch den Washout-Effekt zu einem Zurückkehren der Plattform zur Mitte des Bewegungsraumes führt. Dadurch bleibt der maximale Arbeitsraum in jedem linearen Freiheitsgrad erhalten, auch wenn dies aufgrund der Streckengegebenheiten nicht notwendig ist. So ist es unwahrscheinlich, dass der Fahrer vor einer Linkskurve das Fahrzeug nach rechts steuert. In diesem Fall kann der Simulator auf die rechte Seite vorpositioniert werden und erhält einen größeren Bewegungsraum für das anstehende Manöver. Um diesen ausnutzen zu können, müssen Filter verwendet werden, deren Parameter während der Systemlaufzeit verändert werden können, da deren Verhalten auf den veränderten Bewegungsraum angepasst werden muss. Eine mögliche Realisierung wird in Kapitel 5.3.2 vorgestellt.

Die Bewegung zur Vorpositionierung der Plattform sollte durch den Fahrer nicht wahrgenommen werden und muss daher unterhalb der in Kapitel 2.3.3 beschriebenen Wahrnehmungsschwellen liegen. Daraus folgt, dass für das Verfahren in die neue Position eine gewisse Zeit notwendig ist und die Bewegung vor dem Beginn des Manövers abgeschlossen sein muss. Um dies umsetzen zu können, sind Informationen über den vorausliegenden Streckenabschnitt notwendig.

In einem Fahrsimulator sind die zu befahrenden Strecken prinzipbedingt bekannt. Somit ist es möglich, für jede Strecke a priori eine entsprechende Vorausschau zu realisieren. Da eine Konfiguration für jeden Verlauf erstellt werden muss, ist mit einem hohen Aufwand zu rechnen und die Universalität des Algorithmus ist nicht mehr gegeben. Weiterhin ist eine flexible Gestaltung des Experimentes praktisch unmöglich. Teilweise werden Streckenanteile auch dynamisch während des Experiments kombiniert. Die Auswertung von zukünftigen Streckeninformationen soll daher innerhalb eines definierten Vorausschauhorizontes während der Simulatorfahrt erfolgen. Da der Stuttgarter Fahrsimulator, wie in Kapitel 1.1 beschrieben, für die Entwicklung von hochautomatisierten Fahrfunktionen, welche ebenfalls Vorausschauinformationen nutzen, eingesetzt wird, stehen entsprechende Daten während der Laufzeit zur Verfügung. Darauf wird in Kapitel 5.1.3 näher eingegangen.

Da das Schlittensystem des Simulators über einen großen linearen Arbeitsraum verfügt, ist eine Beschleunigungsdarstellung durch Tilt Coordination auf geraden Streckenanteilen nicht notwendig. Um dies zu realisieren, muss die Position des Fahrzeuges auf der Straße bekannt sein und in Korrelation zu der Position der Plattform gebracht werden. Entsprechende spurbasierte Algorithmen werden in [110,111,112] vorgestellt und zeigen vielversprechende Ergebnisse. Aufgrund der oben beschriebenen Randbedingungen sollen diese Daten ebenfalls streckenunabhängig während der Simulatorfahrt ausgewertet werden. Die folgenden Kapitel beschreiben die zur Verfügung stehenden Daten.

Die durch den Motion-Cueing-Algorithmus nutzbaren Daten stammen aus verschiedenen Quellen und lassen sich in drei Kategorien einteilen:

- Fahrzeugzustand und Fahrereingaben
- Position und Lage des Fahrzeuges in Bezug zu seiner direkten Umgebung

- Attribute der Strecke an der aktuellen Position und an vorausliegenden Streckenabschnitten

Im Folgenden wird auf die zur Verfügung stehenden Informationen der drei Kategorien eingegangen sowie deren Verwendung beschrieben. Eine Übersicht über die verwendeten Daten ist in Tabelle 5.1 dargestellt.

5.1.1 Fahrzeugzustand und Fahrereingaben

Je nach Komplexität des Modells können in der Fahrzeugsimulation eine Vielzahl von Daten zum aktuellen Zustand des Fahrzeuges berechnet werden (vgl. Kapitel 2.2). Diese Daten werden von klassischen Motion-Cueing-Algorithmen verarbeitet und dienen der Ansteuerung des Bewegungssystems. Für eine vollständige Darstellung der Fahrzeugreaktionen in allen drei Raumachsen müssen Informationen über das lineare sowie das rotatorische Fahrzeugverhalten an den Motion-Cueing-Algorithmus übermittelt werden. Diese Daten dienen als Basis für praktisch jeden Motion-Cueing-Ansatz und werden auch in dieser Arbeit verwendet.

Neben diesen grundlegenden Größen können auch weitere Signale verwendet werden, wie bspw. der Schwimmwinkel des Fahrzeuges. Dieser kann als Kriterium herangezogen werden, ob der Fahrer das Fahrzeug noch kontrolliert. Wird der Schwimmwinkel zu groß, wird die Bewegungsplattform abgeschaltet, um zu heftige Bewegungen zu verhindern. In [113] wird der Schwimmwinkel darüber hinaus als Eingangsgröße für den Motion-Cueing-Algorithmus verwendet.

Neben den Größen, die das Fahrzeug selbst betreffen, sind auch die Fahrereingaben am Fahrzeugmodell als Eingänge vorhanden. Sie können auf diesem Weg ebenfalls für den Motion-Cueing-Algorithmus verwendet werden. Der Bremspedalweg kann z. B. dazu verwendet werden, die in Kapitel 2.7.3 beschriebenen unerwünschten Effekte der verwendeten Hochpassfilter im Moment des Anhaltens bzw. beim Lösen der Bremse zu vermindern [114].

5.1.2 Position und Lage des Fahrzeuges in seiner direkten Umgebung

Für die Fahrbahnbeschreibung wird am Stuttgarter Fahrsimulator, wie auch häufig an anderen Fahrsimulatoren, das OpenDRIVE Format eingesetzt. Es ist ein frei verfügbares Format zur Darstellung von Straßennetzwerken und nutzt mathematische Beschreibungen der Streckenelemente, wie Geraden, Kreisbögen und Klothoiden [115]. Dadurch ist es möglich, Informationen zu Fahrzeugzuständen mit Bezug auf die Strecke effizient zu bestimmen.

Für die Fahrzeugsimulation werden permanent die für den Reifenkontaktpunkt notwendigen Daten aus der Fahrbahnbeschreibung bestimmt und übermittelt. Zusätzlich werden Daten aufbereitet, die für den Motion-Cueing-Algorithmus relevant sind. Diese sind u. a. die Position des Fahrzeuges relativ zur Mitte der Spur, die Fahrbahnbreite oder die Orientierung und die Neigung der Fahrbahnoberfläche.

5.1.3 Aktuelle und zukünftige Streckenattribute

Im Gegensatz zu den kontinuierlich in jedem Simulationsschritt bestimmten Werten der beiden oben beschriebenen Kategorien liegen die Streckenattribute in diskreter Form, bezogen zur Strecke, vor.

Für jedes Element sind mehrere Informationen abgelegt: die Position bezogen zur Streckenkoordinate $s_{Strecke}$ (vgl. Abbildung 5.1), die Gültigkeit des Elements ab dessen Position sowie der Wert des Attributes. Einige Attribute, sowie deren Verlauf bezogen zur Strecke, sind beispielhaft in Abbildung 5.1 aufgetragen.

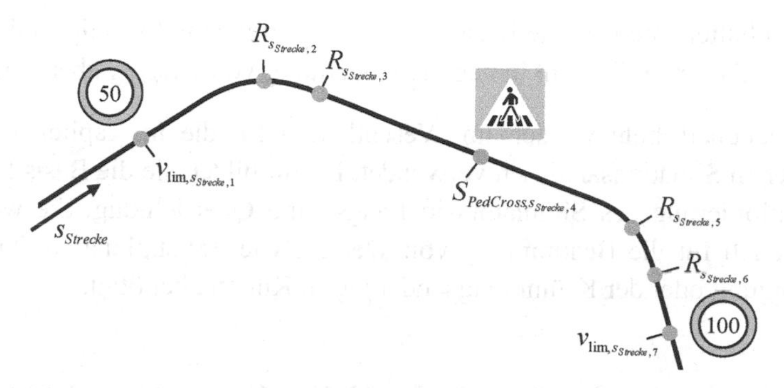

Abbildung 5.1: Attribute entlang eines beispielhaften Steckenverlaufes [116]

Neben den gezeigten Streckenattributen Kurvenradien ($R_{S_{Strecke,2}}$, $R_{S_{Strecke,3}}$, $R_{S_{Strecke,5}}$, $R_{S_{Strecke,6}}$), Geschwindigkeitsbegrenzungen ($v_{lim,S_{Strecke,1}}$, $v_{lim_{Strecke,7}}$) sowie dem Fußgängerüberweg $S_{PedCross_{Strecke,4}}$ sind noch weitere Attribute wie Kreuzungen, Signalanlagen sowie die Anzahl der Fahrspuren in eigener und entgegengesetzter Richtung vorhanden.

Ein neues Element eines Attributes ist nur vorhanden, wenn sich dessen Wert ändert. Ändert sich der Wert eines Attributes kontinuierlich, z. B. der Kurvenradius auf einem Klothoidensegment, ist eine Interpolation zwischen dem Element, das den Beginn der Klothoide repräsentiert, und dem Element an deren Ende notwendig.

Aus der Streckenkoordinate, an der sich das Fahrzeug befindet, und den Koordinaten der Attribute wird die Entfernung der Attribute zum Fahrzeug ermittelt. Die Werte der Attribute werden mit ihrer Gültigkeit und dem Abstand zum Fahrzeug an den Motion-Cueing-Algorithmus übermittelt. D. h. jeder der oben eingeführten Bezeichner enthält drei Komponenten. Um die Datenmenge zu begrenzen, werden nur Elemente übertragen, die innerhalb eines Vorausschauhorizontes liegen. Dieser muss groß genug gewählt werden, um Manöver, die den Simulator auf eine kommende Situation vorbereiten, vor dieser Situation abschließen zu können. Auf den Vorausschauhorizont wird in Kapitel 5.5.1 näher eingegangen. Da auf der Strecke zurückliegende Attribute die aktuellen, an der Fahrzeugposition gültigen

Werte enthalten und diese teilweise für Interpolationen notwendig sind, wird stets auch das erste Element in negativer Richtung von $s_{Strecke}$ übertragen.

Die Streckenattribute werden im Wesentlichen für die in Kapitel 5.4 beschriebenen Situationsanalysen verwendet. Damit bilden sie die Basis für die Vorpositionierung des Simulators in Längs- und Querrichtung. Sie werden jedoch auch für die Bestimmung von Werten, wie der stationären Querbeschleunigung oder der Krümmungsänderung in Kurven, benötigt.

5.1.4 Verwendete Eingänge für den Motion-Cueing-Algorithmus

Aus den vorangegangenen Kapiteln geht hervor, dass eine große Anzahl Daten über Fahrzeug, Fahrer sowie die direkte und vorausliegende Umgebung zur Verfügung stehen. Da nicht alle Informationen für die Bewegungssimulation relevant sind, erfolgt eine Auswahl der Daten, mit denen eine Verbesserung erzielt werden kann.

Tabelle 5.1 zeigt eine Übersicht der als Eingangssignale des prädiktiven Algorithmus verwendeten Daten, aufgeteilt nach den drei oben aufgestellten Kategorien sowie deren Verwendung. Aus der Auflistung geht hervor, dass nicht alle Signale direkt für die Bewegungssimulation verwendet werden können, sondern zunächst aufbereitet und analysiert werden müssen. Dadurch ergibt sich die im nächsten Kapitel abgeleitete Struktur des prädiktiven Algorithmus.

Tabelle 5.1: Eingangssignale des prädiktiven Algorithmus und deren Verwendung

Eingangsdaten	Verwendung
Fahrzeugzustand und Fahrereingaben	
Lineare Fahrzeugpostionen in Längs-, Quer- sowie vertikaler Richtung mit Geschwindigkeiten und Beschleunigungen	Wiedergabe der linearen Fahrzeugbewegungen
Rotatorische Fahrzeugbewegungen mit entsprechenden Winkelgeschwindigkeiten und -beschleunigungen	Wiedergabe der rotatorischen Fahrzeugaufbaubewegungen sowie Berechnung von Koordinatentransformationen
Schwimmwinkel des Fahrzeuges	Vermeidung der Bewegungsdarstellung von instabilen Fahrsituationen
Bremspedalweg	Analyse des Fahrerwunsches
Position und Lage des Fahrzeuges in Bezug zu seiner direkten Umgebung	
Fahrzeugposition, bezogen zur Spurmitte, sowie Breite der Spur	Korrelation der Simulatorposition
Orientierung der Fahrbahn	Simulation der Gierbewegung
Neigung der Fahrbahn	Berechnung der stationären Querbeschleunigung in Kurven
Aktuelle und zukünftige Streckenattribute	
Zulässige Höchstgeschwindigkeiten	Situationsanalyse, Vorpositionierung
Kreuzungen, Fußgängerüberwege, Signalanlagen, ...	Situationsanalyse, Vorpositionierung
Kurvenradien	Situationsanalyse, Vorpositionierung, Berechnung der stationären Querbeschleunigung sowie Krümmungsänderung in Kurven
Anzahl der Spuren	Situationsanalyse, Prädiktion der Richtung möglicher Spurwechsel

5.2 Struktur des prädiktiven Algorithmus

Die in Kapitel 4.1.3 vorgestellten Vorsteuerungen werden in Kombination mit dem Motion-Cueing-Algorithmus verwendet (vgl. Abbildung 3.1). Diese optimieren das Übertragungsverhalten der redundanten Freiheitsgrade in Längs- und Querrichtung und koordinieren deren Ansteuerung. Dadurch reduziert sich die Anzahl der Freiheitsgrade, die der Motion-Cueing-Algorithmus darstellt, auf sechs und entspricht somit der Anzahl der Freiheitsgrade eines Fahrzeugaufbaus.

In Kapitel 5.1.4 werden die relevanten Eingangssignale des Algorithmus beschrieben. Diese können, wie z. B. die Fahrzeugaufbaubewegungen, direkt zur Bewegungssimulation verwendet werden. Andere Daten, die u. U. diskret vorliegen, müssen zunächst aufbereitet werden.

Auch aus aufbereiteten Daten gehen z. T. keine Signale hervor, die direkt durch die Bewegungssimulation umgesetzt werden können. Dies ist z. B. bei einer notwendigen Vorpositionierung der Fall. Diese resultiert aus einer Analyse mehrerer Daten und ergibt eine Position. Zusätzlich zur Berechnung der einzelnen Bewegungssimulationen wird daher eine Einheit zur Situationsanalyse und Vorausschau eingeführt. Diese erfüllt drei Anforderungen:

- Aufbereitung von kontinuierlichen Signalen aus Streckenattributen, z. B. die Berechnung des Kurvenradius zur Simulation der stationären Querbeschleunigung,
- Berechnung der Vorpositionierung und zeitgerechte Einstellung dieser,
- Bestimmung der vorausliegenden Fahrsituation und entsprechende Konfiguration der Algorithmen zur Ansteuerung der Freiheitsgrade.

Die Elemente sowie der Datenaustausch und Signalfluss unter diesen sind in Abbildung 5.2 dargestellt. Die Elemente zur Darstellung der Fahrzeuglängs- und -querdynamik arbeiten u. a. auch mit der Tilt Coordination zur Beschleunigungswiedergabe. D. h., diese beeinflussen ebenfalls die rotatorischen Freiheitsgrade des Simulators. Die gezeigten Blöcke sind somit fahrzeugbezogen beschrieben.

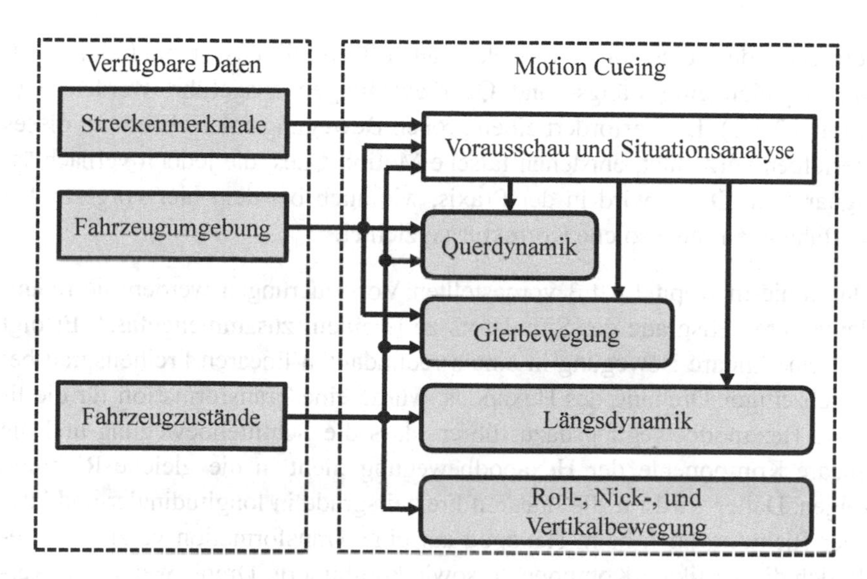

Abbildung 5.2: Struktur und Signalflüsse des Algorithmus [116]

In den folgenden Kapiteln wird zunächst auf die Algorithmen zur Bewegungssimulation eingegangen. Im Anschluss werden die Situationsanalyse und deren Einfluss auf die Bewegungssimulation erläutert.

5.3 Elemente zur Bewegungssimulation

Für die Berechnung der Bewegungen des Fahrsimulators werden die Freiheitsgrade einzeln betrachtet. Wie oben beschrieben, beeinflussen die Algorithmen z. T. die gleichen Freiheitsgrade des Fahrsimulators. Eine Transformation in die entsprechenden Simulatorkoordinaten erfolgt daher im Anschluss an die hier beschriebenen Algorithmen und wird in diesem Kapitel nicht explizit besprochen.

Bei Hexapoden kann durch eine entsprechende Transformation sichergestellt werden, dass lineare Bewegungen auch bei gleichzeitig eingestellten Drehungen korrekt orientiert zum Fahrer dargestellt werden. In [63] wird beschrieben, dass eine solche Korrektur auch für Schlittensysteme möglich ist, indem gleichzeitig Längs- und Querbewegungen ausgeführt werden (vgl. Kapitel 2.7.1). Dies erfordert einen großen Bewegungsraum. Wird auf dieses Verfahren verzichtet, entstehen falsche Motion Cues, die jedoch vernachlässigbar sind. Daher wird in der Praxis, wie auch bei dem hier vorgestellten Verfahren, auf eine solche Korrektur verzichtet.

Durch die in Kapitel 4.1.3 vorgestellten Vorsteuerungen werden die redundanten Freiheitsgrade des Simulators zu je einem zusammengefasst. Erfolgt nun eine lineare Bewegung in einem redundanten linearen Freiheitsgrad bei gleichzeitiger Drehung des Hexapods, würde eine Transformation für die lineare Hexapodbewegung dazu führen, dass die Schlittenbewegung und die lineare Komponente der Hexapodbewegung nicht in die gleiche Richtung zeigen. Daher wird für die linearen Freiheitsgrade in longitudinaler und lateraler Richtung auch beim Hexapod auf eine Transformation verzichtet. Lediglich die vertikale Komponente sowie kombinierte Drehbewegungen werden nach der Berechnung der hier vorgestellten Algorithmen entsprechend behandelt.

5.3.1 Gieren

Wie in Kapitel 3.1.1 beschrieben, ist die Gierreaktion des Fahrzeuges eine wichtige Komponente für die Bewertung der Querdynamik und damit des Fahrzeugverhaltens allgemein. Daher sollte diese möglichst exakt dargestellt werden. Dies fördert auch den allgemeinen Fahreindruck bei Untersuchungen anderer Themengebiete.

Bei dem betrachteten Bewegungssystem kann die Gierbewegung nur mit dem Hexapod realisiert werden. Dessen Möglichkeiten sind nach Tabelle 2.1 für diesen Freiheitsgrad gegenüber anderen Freiheitsgraden eingeschränkt.

Darüber hinaus gibt es keine Methode wie die Tilt Coordination für lineare Beschleunigungen, mit der stationäre Gierbewegungen umgesetzt werden können. Diese treten jedoch häufig, z. B. beim Abbiegen oder einer Kreisfahrt, auf. In Kapitel 2.3 wird beschrieben, dass der Mensch konstante Drehbewegungen nur wahrnehmen kann, wenn diese auch visuell dargestellt werden. Dies kann für die Darstellung der Gierreaktion des Fahrzeuges ausgenutzt werden, indem dem Fahrer nur die Änderung der Bewegung präsentiert wird (onset Motion Cues).

Für die Bewertung des Fahrverhaltens, z. B. während einer Slalomfahrt, ist eine nur durch Skalierung angepasste Fahrzeugbewegung wünschenswert, um keinen Informationsverlust durch Filterung zu erzeugen. Für solche Manöver auf einer geraden Straße ist der Bewegungsraum des Hexapods ausreichend, um dies zu realisieren. Da die Orientierung der Straße bekannt ist, kann diese dazu genutzt werden, den Gierwinkel des Fahrzeuges in einen Bereich innerhalb des Bewegungsraumes zu überführen. Dazu wird die Differenz aus der Orientierung der Straße und dem Gierwinkel des Fahrzeuges gebildet und lediglich Änderungen dieser Differenz dem Fahrer präsentiert.

Wie in Kapitel 4.1.1 beschrieben, muss dem Bewegungssystem neben dem Wert für den Freiheitsgrad auch dessen erste und zweite zeitliche Ableitung übermittelt werden. Daher müssen auch die Änderungen der Differenz gebildet werden. Die zeitliche Änderung der Streckenkrümmung liegt jedoch in den Umgebungsdaten nicht vor. Eine zeitliche Ableitung auf dem Echtzeitsystem zu berechnen ist nicht empfehlenswert, da durch die asynchrone Signalübertragung Sprünge auftreten können. Unter der Annahme, dass das Fahrzeug in einem engen Bereich um die Mitte der Fahrbahn bewegt wird, können die benötigten Werte mit Gl. 5.1 und Gl. 5.2 aus dem Kurvenradius, aus den Streckenattributen sowie der aktuellen Fahrzeuggeschwindigkeit und -beschleunigung angenähert werden [117].

$$\dot{\psi}_{\text{Straße}} = \frac{\dot{x}_{Frzg.}}{R} \qquad \text{Gl. 5.1}$$

$$\ddot{\psi}_{\text{Straße}} = \frac{\ddot{x}_{Frzg.}}{R} \qquad \text{Gl. 5.2}$$

Nun können sämtliche Differenzen gebildet werden. Dabei werden Signale aus unterschiedlichen Datenquellen verwendet. Aus diesem Grund wird das im Anhang (siehe Abbildung A.1) beschriebene Verfahren zur Interpolation eingesetzt, um konsistente Werte für die Ansteuerung des Bewegungssystems zu generieren.

Fährt der Fahrer ideal in der Mitte der Fahrbahn in eine Kurve ein, sind die Orientierung der Straße sowie der Gierwinkel des Fahrzeuges gleich und der Simulator stellt keine Bewegung dar. Der Kurvenein- und -ausgang ist daher vom Fahrer nicht spürbar. Dies kann mit Hilfe eines klassischen Washout-Ansatzes korrigiert werden, der parallel zu dem beschriebenen Verfahren implementiert wird. Dieser nutzt statt der Gierbeschleunigung des Fahrzeuges die Gierbeschleunigung der Straße. Somit werden sowohl die Differenzen zwischen Fahrzeug und Straße, als auch Komponenten aus dem Streckenverlauf wiedergegeben.

Das Verfahren hängt stark von der Trajektorie ab, mit der der Fahrer die Kurve durchfährt. Weicht dieser von der Mittellinie ab, ergeben sich Unterschiede im Vergleich der Fahrzeug- und Straßenorientierung. Diese können zu ungewollten Gierbewegungen und damit zu falschen Motion Cues führen. Im Falle eines späten Einlenkens in eine Kurve würde sich die Simulatorkuppel zunächst in die falsche Richtung drehen.

Bei Manövern in Innerortsbereichen, z. B. bei engen Kurvenfahrten, wählt der Fahrer häufig eine Trajektorie, die stark von der Kurvenmitte abweicht. Daher kann der Ansatz in diesen Bereichen nicht angewendet werden. In Bereichen, in denen keine Fahrbahnmitte bestimmt werden kann, ist eine Verwendung ebenfalls nicht möglich. Dies ist z. B. in Kreuzungsbereichen der Fall. Daher wird ein weiterer Algorithmus mit einem Washout Verfahren parallel implementiert, der nur die Gierbeschleunigung des Fahrzeuges verwendet. Die Auswahl des Algorithmus für die Fahrsituation erfolgt durch die Vorausschau- und Situationsanalyseeinheit.

5.3.2 Längsdynamik

Der Verlauf längsdynamischer Größen hängt stark vom Fahrstil ab. Er wird weniger durch Randbedingungen der Strecke vorgegeben, als dies bei querdynamischen Größen der Fall ist. Dennoch kann über die Kenntnis zukünftiger Streckenattribute auch die Längsdynamiksimulation beeinflusst werden. Durch Informationen zu den Geschwindigkeitsbeschränkungen oder anderen geschwindigkeitsbeeinflussenden Faktoren, kann eine Vorhersage zu kommenden Manövern getroffen werden.

Ziel ist es, mehr lineare Beschleunigungsanteile zu generieren, die den Fahrzeugbewegungen in Längsrichtung entsprechen. Ein größerer linearer Arbeitsraum wird durch die Vorpositionierung des Simulators vor einem erwarteten Manöver erzielt.

Durch eine Ausgangslage außerhalb der Mitte des zur Verfügung stehenden Bewegungsraumes ergibt sich ein unsymmetrischer Arbeitsbereich. Mit den in Kapitel 2.5.2 vorgestellten klassischen Filtern kann ein solcher Arbeitsraum nicht optimal ausgenutzt werden, da diese für positive und negative Signale das gleiche Verhalten zeigen. Es ist also notwendig, die Filter während der Laufzeit einstellen zu können, um unsymmetrische Verhaltensmuster zu realisieren.

Ansätze, die ein zeitvariantes Verhalten von klassischen Filtern erzeugen, wechseln häufig die Parameter des Filters diskret [118]. Da die Manöver zur Vorpositionierung vom Fahrer nicht bemerkt werden sollen, müssen diese so durchgeführt werden, dass Beschleunigungen und Geschwindigkeiten unterhalb der Wahrnehmungsschwelle liegen. Eine neue Positionierung ist ein kontinuierlicher Übergang mit geringer Dynamik. Daher soll ein kontinuierlicher Parameterwechsel erfolgen.

Mit der Vergrößerung des linearen Arbeitsraumes ist es möglich, in einem definierten Bereich das Soll-Signal unverändert darzustellen. Der Classical-Washout-Algorithmus behandelt Beschleunigungssignale immer gleich, unabhängig von ihrem Niveau. Geringe Beschleunigungswerte werden in gleichem Verhältnis in lineare sowie durch Rotation dargestellte Anteile eingeteilt, wie größere Beschleunigungen. Dabei können kleine Beschleunigungen prinzipiell länger durch eine lineare Bewegung nachgestellt werden als größere. Dies setzt einen nichtlinearen Anteil in der Berechnung voraus und schließt klassische Filter letztlich aus.

Die Steuerung des Bewegungssystems wird in diesem Ansatz teilweise mit PD-Reglern umgesetzt. Die Sollgröße des Reglers ist die gewünschte Position und die Regelgröße ist die Beschleunigung des Bewegungssystems. Eine entsprechende Struktur ist in Abbildung 5.3 dargestellt.

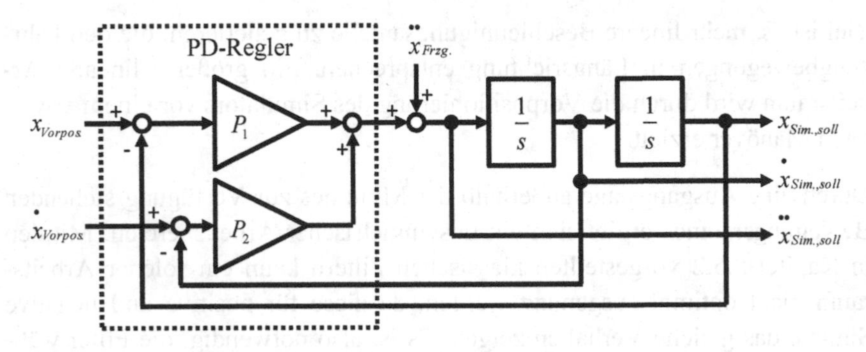

Abbildung 5.3: PD-Regler zur Kontrolle des Bewegungssystems

Da die Geschwindigkeit des Systems direkt vorliegt, kann auf eine Ableitung verzichtet werden. Wie in Abbildung 5.3 dargestellt, wird die Sollbeschleunigung, die mit dem linearen Freiheitsgrad reproduziert werden soll, als Störgröße aufgeschaltet.

Bei einer maximalen konstanten Fahrzeugbeschleunigung $\ddot{x}_{Frzg.,max}$ soll sich ein maximaler Verfahrweg $x_{Sim.,soll,max}$ des Simulators einstellen. Betrachtet man den eingeschwungenen Zustand bei maximaler konstanter Fahrzeugbeschleunigung ohne Vorpositionierung werden $x_{Vorpos.}$, $\dot{x}_{Vorpos.}$, $\dot{x}_{Sim.,soll}$ und $\ddot{x}_{Sim.,soll}$ zu 0. Dadurch ergibt sich für P_1 der Zusammenhang:

$$P_1 = \frac{|\ddot{x}_{Frzg.,max}|}{|x_{Sim.,soll,max}|} \quad \text{Gl. 5.3}$$

Wird der Dämpfungsfaktor D nach Berechnung des charakteristischen Polynoms des geschlossenen Kreises eingeführt, kann das Schwingungsverhalten über P_2 festgelegt werden:

$$P_2 = 2D\sqrt{P_1} \quad \text{Gl. 5.4}$$

Dadurch werden ein stabiles Verhalten des Gesamtsystems gewährleistet sowie konjungierte Polstellen vermieden. Durch Begrenzung der Sollbeschleunigung auf $|\ddot{x}_{Frzg.,\max}|$ werden stationäre Grenzen zuverlässig eingehalten. Weiterhin kann über $x_{Vorpos.}$ das Bewegungssystem verfahren werden. Hierbei verschieben sich jedoch auch die Grenzen des Bewegungsraumes, was eine Verletzung dessen zur Folge hätte. Daher wird am Ausgang des Reglers ein Element zur Manipulation des Reglerausganges eingefügt.

Der Reglerausgang wird in Abhängigkeit der Simulatorposition und -geschwindigkeit mit einem Faktor zwischen 0 und 1 multipliziert (siehe auch Abbildung 5.5). Abhängig von der Vorpositionierung des Simulators werden die Trajektorien für den Verstärkungsfaktor angepasst. Dies realisiert einen unsymmetrischen Arbeitsraum und Bereiche, in denen der Regler nicht eingreifen kann.

In diesen Bereichen kann die Plattform nicht mehr durch den Regler kontrolliert werden. Zum einen kann dies zu Schwingen (ständiges Hin-und-her-Fahren) zwischen den Bereichsgrenzen führen, zum anderen kehrt die Plattform nicht mehr in ihre Ausgangslage zurück. Um einen Washout-Effekt zu realisieren, wird ein weiterer PD-Regler parallel geschaltet. Dieser wird ebenfalls für ein stabiles Systemverhalten ausgelegt. Da das Zurückkehren der Plattform nicht vom Fahrer wahrgenommen werden soll, wird der Ausgang dieses Reglers auf Beschleunigungen unterhalb der in [83] angegebenen Schwelle von 0,17 m/s^2 begrenzt. Abbildung 5.4 zeigt die bisher eingeführten Elemente im Kontext des gesamten Algorithmus zur Regelung der Simulatorlängsbewegung.

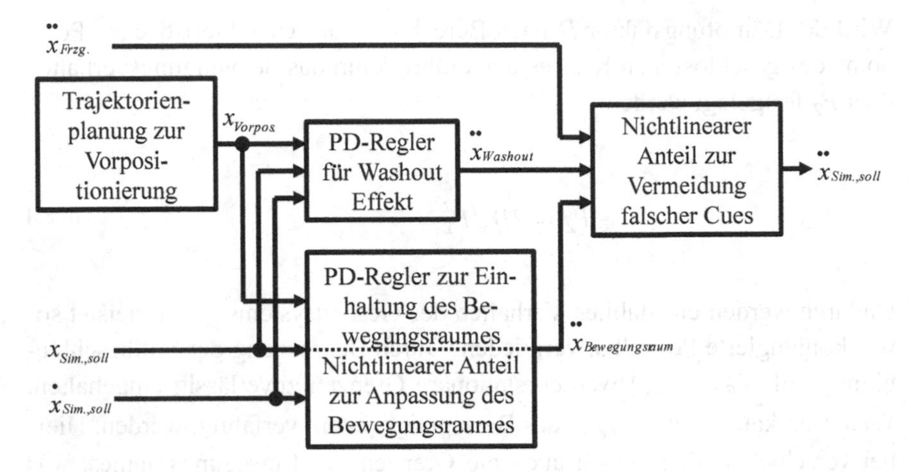

Abbildung 5.4: Algorithmus zur Simulatorlängsführung

Wie einleitend beschrieben, hängt die Längsführung des Fahrzeuges und damit die zu reproduzierenden Beschleunigungen, stark vom Fahrer ab. Eine extreme Vorpositionierung nahe den Grenzen des Bewegungsraumes ist daher nicht sinnvoll, da dies den Fahrer u. U. einschränken würde. Da die Verschiebung zur neuen Ruhelage relativ langsam erfolgen muss, um nicht wahrgenommen zu werden, führt ein großer Weg zu einem gesteigerten Zeitbedarf für die Neuausrichtung. Für die Längsrichtung ist ein Bereich von $\pm 2\,m$ ein praktikabler Kompromiss. Um die Vorpositionierung unterhalb der Wahrnehmungsschwellen für longitudinale Beschleunigungen und ohne Überschwingen zu realisieren, wird das in [63] beschriebene Verfahren des geregelten Begrenzers zur Limitierung von rotatorischen Bewegungen eingesetzt und auf den longitudinalen Fall übertragen.

Um sicherzustellen, dass falsche Motion Cues entgegen der gewünschten Bewegungsrichtung unterhalb der Wahrnehmungsschwelle liegen, wird ein nichtlineares Element zur Vermeidung falscher Cues eingesetzt, welches dies sicherstellt. Hierfür werden die Vorzeichen von $\ddot{x}_{Frzg.}$ und der Summe aus $\ddot{x}_{Washout}$ und $\ddot{x}_{Bewegungsraum}$ verglichen. Entsprechen sich diese wird die Summe aus den Signalen zu $\ddot{x}_{Sim.,soll}$, andernfalls wird $\ddot{x}_{Sim.,soll}$ auf den Wert der Wahrnehmungsschwelle limitiert.

Da die Kontrolle der Plattformposition über eine Regelung realisiert wird, führen Signalanteile, die entfernt werden, nicht direkt zu einem instabilen Gesamtverhalten, wie dies bei konventionellen Filtern der Fall wäre [93]. Das Element vergleicht die Beschleunigungen der Regler mit der gewünschten Bewegungsrichtung und begrenzt gegebenenfalls das Ausgangssignal praktisch ruckfrei.

Mit den Eigenschaften der beschriebenen Elemente und der in Tabelle 2.1 angegebenen Grenzen des Bewegungsraumes, können die Parameter des Algorithmus festgelegt werden. Mit der Definition des minimal möglichen Bewegungsraumes von $3\,m$ (nach Vorpositionierung) sowie einer maximal zulässigen Beschleunigung von $5\,m/s^2$ in jede Richtung, kann der Parameter P_1 nach Gl. 5.3 bestimmt werden. Die Bestimmung der Dämpfung für P_2 sowie die Auslegung der Trajektorien zur Manipulation des Ausganges des PD-Reglers zur Einhaltung des Bewegungsraumes werden, wie bei anderen Motion-Cueing-Ansätzen [72], empirisch ermittelt.

Als Grundlage für die Trajektorien zur Manipulation des Reglerausganges werden Polynome siebter Ordnung gewählt. Diese hohe Ordnung stellt einen kontinuierlichen, ruckfreien Verlauf sicher. Das Vorgehen zur Wahl der Parameter für die Polynome wird in [119,120] beschrieben. Die Polynome werden je nach Vorpositionierung angepasst, um die Regelung an den veränderten Bewegungsraum anzupassen. Diese Anpassung erfolgt zur Systemlaufzeit zwischen den Trajektorien für die maximalen Lagen der Vorpositionierung. Die von der Simulatorposition und -geschwindigkeit abhängigen Verläufe sind in Abbildung 5.5 für vier Ruhelagen des Simulators aufgetragen.

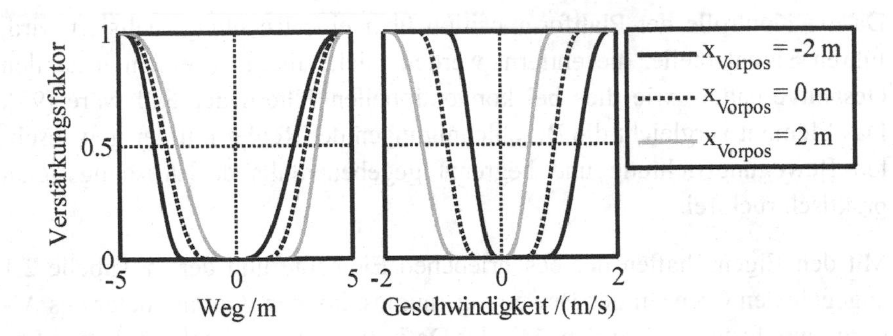

Abbildung 5.5: Trajektorien zur Manipulation des Reglerausganges im Element „Nichtlinearer Anteil zur Anpassung des Bewegungsraumes" (siehe Abbildung 5.4)

Der veränderte Arbeitsraum ermöglicht Bereiche von, je nach Eingangssignal, bis zu $2\,m$ und Simulatorgeschwindigkeiten bis zu $0{,}7\,m/s$, in denen der Regler nicht eingreift. Bei Anliegen einer Sollbeschleunigung wird auch der Washout-Effekt unterdrückt. In diesen Bereichen findet somit nur eine Skalierung der Beschleunigung statt. Dies führt zu einer realitätsnahen Wiedergabe transienter Vorgänge in diesem Bereich. In Bereichen, in denen der Regler stark aktiv ist, überstimmt er das Soll-Signal. Dies ist nachteilig, da hier keine hochfrequenten Signalanteile mehr wiedergegeben werden und entspricht dem Verhalten klassischer Algorithmen außerhalb deren eingestellter Beschleunigungsgrenzen. Dies kann durch die Einführung der Tilt Coordination, wie in Abbildung 5.6 gezeigt, verbessert werden.

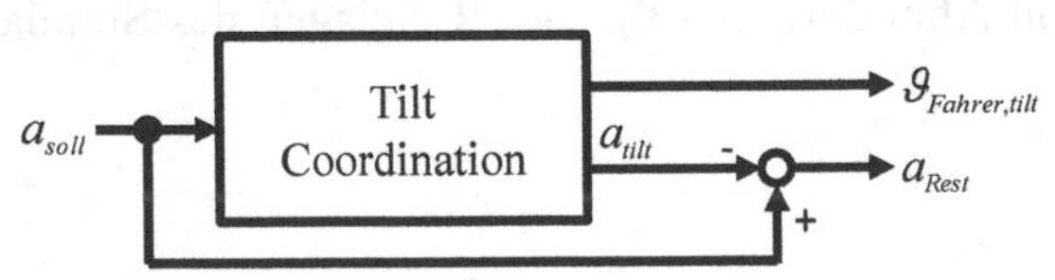

Abbildung 5.6: Verwendung der Tilt Coordination

Die Nutzung der Tilt Coordination führt zu einem Anstieg der Beschleunigungsanteile, welche durch rotatorische Bewegungen simuliert werden. Je nach Anwendung kann entschieden werden, ob die Tilt Coordination vor, oder als Element zur Simulation der Beschleunigungen, die nicht mehr linear umgesetzt werden können, nach dem Algorithmus eingesetzt wird. Für die in Kapitel 6.1 beschriebene Anwendung wird das in Abbildung 5.6 Gezeigte vor dem Algorithmus zur Simulatorlängsführung eingesetzt, um auch hochfrequente Anteile abzudecken.

Die rotatorische Bewegung zur Umsetzung der Tilt Coordination muss die in Kapitel 2.3.3 beschriebenen Wahrnehmungsschwellen einhalten. Dabei darf kein Überschwingen entstehen, wenn eine Begrenzung erreicht wird. Daher wird für die Realisierung der Tilt Coordination das in [63] beschriebene Verfahren des geregelten Begrenzers verwendet.

Um die Potenziale der Vorpositionierung zu verdeutlichen, sind in Abbildung 5.7 zwei Bremsvorgänge mit unterschiedlicher Verzögerung dargestellt. Es sind die skalierte Soll-Beschleunigung (Skalierungsfaktor 0,5) sowie der Verlauf der linearen Beschleunigung ohne Vorpositionierung der Plattform und mit Lageänderung um 2 m aufgetragen. Die linke Seite der Abbildung zeigt eine Vollbremsung, die rechte Seite eine moderate Bremsung.

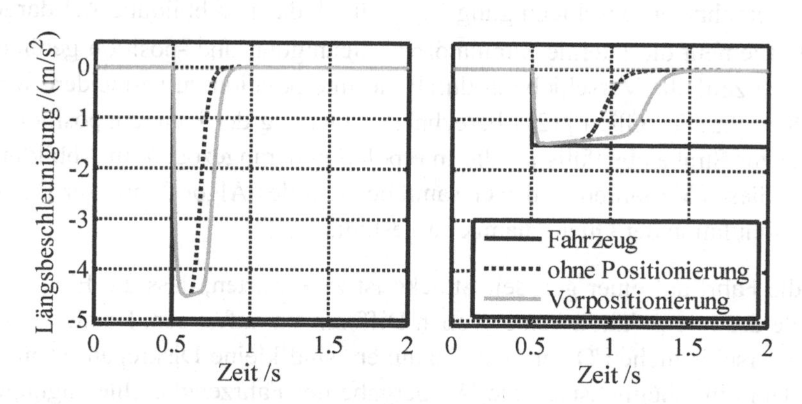

Abbildung 5.7: Bremsmanöver mit unterschiedlicher Verzögerung

Es ist zu erkennen, dass der lineare Anteil der Beschleunigung in beiden Fällen vergrößert wird. Durch die Verwendung einer Begrenzung des Beschleunigungssignales kann dieser zeitlich auch für die Vollbremsung gestreckt werden. Für den Algorithmus wird daher eine Begrenzung von $3{,}5\, m/s^2$

eingeführt. Dennoch zeigt die linke Seite des Bildes, dass der Algorithmus die Dynamik des Simulators ausnutzen kann.

5.3.3 Querdynamik

Querdynamische Größen hängen in einem stärkeren Maße von der Streckenbeschaffenheit ab als die zuvor beschriebenen längsdynamischen. Die Breite der Straße begrenzt faktisch den Weg, auf dem der Fahrer das Fahrzeug bewegen kann. Daher ist zu erwarten, dass durch die Verwertung zusätzlicher Informationen mit Streckenbezug die Bewegungssimulation verbessert werden kann. In diesem Kapitel werden einige Elemente aus Kapitel 5.3.2 erneut verwendet.

Wie oben beschrieben, liefert eine Korrelation zwischen Fahrzeugposition auf der Straße und der Simulatorposition eine gute Reproduktion der Fahrzeugbeschleunigung in lateraler Richtung. Dazu werden aus der Fahrzeugposition bezogen zur Fahrbahnmitte y_{Spur} und der von der Fahrdynamiksimulation berechneten Beschleunigung $\ddot{y}_{Frzg.}$ durch das in Abbildung A.1 dargestellte Element die laterale Simulatorbeschleunigung und -position gebildet. Um eine zeitliche Verschiebung durch die Interpolation zu vermeiden, wird die über ein DT1-Glied [121] berechnete Ableitung der Fahrzeugposition in Bezug zur Straße ebenfalls für die Interpolation herangezogen. In Abbildung 5.8 ist dieses Verfahren in der Gesamtübersicht des Algorithmus zur Bewegungssimulation der Querdynamik dargestellt.

Für die Fahrt auf einer geraden Strecke ist zu erwarten, dass die Eingangssignale der Interpolation keine großen Differenzen aufweisen. Da sie jedoch aus unterschiedlichen Datenbasen stammen, sind kleine Diskrepanzen möglich. Um eine möglichst exakte Wiedergabe der Fahrzeugbeschleunigungen zu gewährleisten, werden solche Unterschiede in [110,111] mit Hilfe der Tilt Coordination ausgeglichen. Dies führt zu rotatorischen Bewegungen, die den betrachteten, ausschließlich linearen Beschleunigungen nicht entsprechen. Daher erfolgt in dem vorgestellten Ansatz eine, wie in Abbildung 5.8 dargestellte, Offsetkorrektur mittels zusätzlicher linearer Bewegungen. Zur Realisierung wird das in Abbildung 5.4 gezeigte Prinzip ohne Vorpositionierung und Tilt Coordination verwendet.

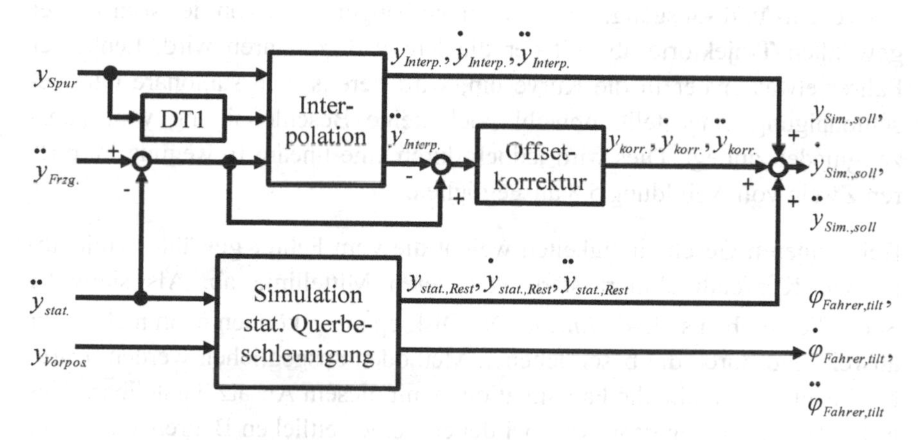

Abbildung 5.8: Algorithmus zur Bewegungssimulation der Fahrzeugquerbeschleunigung

Mit dieser Methode können keine stationären Differenzen behandelt werden (vgl. Abbildung 5.7). Die Verwendung der Tilt Coordination bietet den Vorteil, auch länger anhaltende Ungenauigkeiten auszugleichen. Da jedoch, wie oben beschrieben, davon ausgegangen werden kann, dass nur kleine Diskrepanzen auftreten, ist zu erwarten, dass die linearen Bewegungsmöglichkeiten ausreichen. Eine Analyse dieser Thematik findet in Kapitel 6.3.1 statt.

Um die Korrelation zwischen Fahrzeug- und Simulatorposition auch während einer Kurvenfahrt nutzen zu können, muss die durch die Richtungsänderung hervorgerufene stationäre Fahrzeugbeschleunigung bestimmt werden. Diese wird in der Vorausschaueinheit berechnet (siehe Kapitel 5.4). Der stationäre Anteil wird von der Fahrzeugbeschleunigung abgezogen und das resultierende Signal für die Interpolation verwendet.

Die Wiedergabe der stationären Beschleunigungsanteile erfolgt mit dem in Abbildung 5.4 dargestellten Verfahren. Der Simulator wird vor der Kurve entsprechend vorpositioniert, die Tilt Coordination wird entsprechend Abbildung 5.6 dem Algorithmus zur linearen Ansteuerung vorgeschaltet. Die Drehrate wird auf die in Kapitel 2.3.3 beschriebene Grenze limitiert.

Wie für die Darstellung der Gierbewegungen gelten auch für den vorgestellten Ansatz der Querdynamiksimulation die beschriebenen Effekte am Kurvenein- und -ausgang. Diese Bereiche hängen stark von der vom Fahrer gewählten Trajektorie ab, mit der die Kurve durchfahren wird. Lenkt der Fahrer etwas später in die Kurve ein, wird bereits eine stationäre Querbeschleunigung eingestellt, obwohl noch keine Beschleunigung vom Fahrzeugmodell anliegt. Dies wird jedoch durch eine lineare Bewegung im oberen Zweig von Abbildung 5.8 ausgeglichen.

Bei kleineren Geschwindigkeiten weicht die vom Fahrer gewählte Trajektorie zur Kurvendurchfahrt stark von deren Mittellinie ab. Als sinnvolle Schwelle ergeben sich 45 km/h. Die Diskrepanzen können dann nicht mehr ausreichend durch die beschriebenen Methoden ausgeglichen werden. Darüber hinaus sind nicht alle Fahrsituationen mit diesem Ansatz darstellbar. Dies gilt z. B. für Abbiegemanöver, bei denen keine seitlichen Begrenzungen der Strecke vorhanden sind und somit keine Korrelation zum Bewegungsraum hergestellt werden kann, oder für Straßenbreiten, die nach einer Skalierung den linearen Arbeitsraum übersteigen. Daher wird neben dem beschriebenen Algorithmus ein weiterer implementiert, der lediglich die Fahrzeugdaten verwendet und somit der Darstellung in Abbildung 5.4 gleicht.

Die Plattformposition wird in jeder der drei folgenden Komponenten des Algorithmus durch zweifache Integration gebildet und zu einem Gesamtwert addiert:

- Interpolation zur Korrelation der Fahrzeug- und Simulatorposition
- Offsetkorrektur der Interpolation
- Linearer Anteil der Reproduktion stationärer Querbeschleunigungen (mit Vorpositionierung)

Es muss in jeder Situation sichergestellt werden, dass der Summenwert den Arbeitsraum nicht übersteigt. Jeder der drei Komponenten wird dazu ein definierter Bewegungsraum zugeteilt. Jedes Element berechnet seine Position durch zweifache Integration der Beschleunigung und stellt die Einhaltung des zugewiesenen Bewegungsraumes sicher. Die Einteilung des Bewegungsraumes erfolgt abhängig von der Fahrsituation durch die Situationsanalyse und Vorausschaueinheit.

In den beiden letztgennannten Komponenten zur Darstellung der Querdynamik sind für das Abbremsen bzw. Zurückkehren in die Ausgangsposition des Simulators nichtlineare Elemente zur Begrenzung von Beschleunigungen auf die Wahrnehmungsschwelle enthalten. Durch die Addition der Ausgangssignale der beiden Komponenten ist es möglich, dass sich die Schwelle für das resultierende Ausgangssignal verdoppelt. Daher werden die Schwellen in beiden Elementen halbiert.

Mit der vorgestellten Methode kann sichergestellt werden, dass die Tilt Coordination nur in Bereichen eingesetzt wird, in denen stationäre Beschleunigungsanteile vorhanden sind. Für die Analyse wird ebenfalls auf Kapitel 6.3 verwiesen.

5.3.4 Roll-, Nick- und Vertikalbewegungen

Die Wiedergabe der beiden weiteren rotatorischen Bewegungsrichtungen orientiert sich direkt an den Fahrzeugbewegungen. Um ein möglichst realistisches Fahrverhalten zu realisieren, werden diese nur über eine Skalierung an den Arbeitsraum und die weiteren Freiheitsgrade angepasst. Auf eine Filterung wird verzichtet und für eine Glättung des Signales stattdessen die in Abbildung A.1 beschriebene Methode verwendet. Dies schließt zeitliche Verzögerungen weitgehend aus.

Für vertikale Bewegungen verfügt die verwendete Anlage nur über einen kleinen Bewegungsraum, verglichen mit den anderen Freiheitsgraden. Um das Höhenprofil der Strecke und die Hubbewegungen des Fahrzeuges wiederzugeben, wird daher ein klassisches Verfahren eingesetzt. Die Simulatorposition wird durch Filterung mit einem Hochpassfilter dritter Ordnung und anschließender zweifacher Integration der Vertikalbeschleunigung des Fahrzeuges berechnet.

5.4 Vorausschau und Situationsanalyse

Das Teilsystem Vorausschau und Situationsanalyse dient zur Versorgung der Algorithmen zur Bewegungssimulation mit Daten sowie zur Steuerung des gesamten Algorithmus. Es hat die Aufgabe, auf jede Fahrsituation zu reagieren, und die andern Teilsysteme für diese Situation zu konfigurieren. Die Einheit arbeitet dazu ähnlich wie Assistenzfunktionen, welche auf Umgebungsdaten reagieren [122]. Diese Informationen werden ausgewertet und anschließend eine optimale Konfiguration bestimmt und eingestellt.

Die Datenaufbereitung von Streckenattributen basiert hauptsächlich auf dem Kurvenradius und liefert die aktuelle stationäre Querbeschleunigung sowie die Krümmungsänderung der Strecke. Für die Berechnung der Querbeschleunigung wird zunächst der Kurvenradius an der aktuellen Position nach den Vorgaben aus Kapitel 5.1.3 bestimmt. Aus diesem wird mit der momentanen Fahrzeuggeschwindigkeit die Beschleunigung berechnet:

$$a_{stat.} = \frac{v^2}{R} \qquad \text{Gl. 5.5}$$

Der Kurvenradius berechnet sich an der Mitte der Straße. Somit existiert eine Abweichung vom tatsächlich gefahrenen Radius. Da die stationäre Querbeschleunigung nur bei höheren Geschwindigkeiten verwendet wird, ist die Abweichung vernachlässigbar klein gegenüber dem Radius der Strecke. Ein Verzicht einer Korrektur führt auch zur Vermeidung von häufigen Änderungen in den rotatorisch dargestellten Beschleunigungen, die sonst durch Korrekturen des Fahrers ausgelöst werden können.

Einen nicht zu vernachlässigenden Einfluss hat dagegen die Neigung der Fahrbahn. Diese führt zu einer Verschiebung von stationären Querbeschleunigungen hin zu vertikalen Beschleunigungen. Bei hohen Geschwindigkeiten nimmt dieser Einfluss zu. Eine Korrektur der stationären Querbeschleunigung unter Beachtung der aktuellen Fahrbahnneigung ist daher notwendig.

Bei den Methoden zur Darstellung der Tilt Coordination findet häufig, wie auch bei diesem Algorithmus, eine Tiefpassfilterung zur Glättung der Signale statt [63]. Diese erzeugen je nach Parametrierung zeitliche Verzögerungen. Diese Verzögerungen können teilweise kompensiert werden, indem die betrachtete Berechnung für einen Streckenpunkt vorgenommen wird, welcher dem Fahrzeug voraus liegt.

Die Vorpositionierung in lateraler Richtung basiert ebenfalls auf dem Kurvenradius der vorausliegenden Strecke. In dessen Abhängigkeit wird die Plattform entsprechend neu ausgerichtet. Finden häufige Richtungsänderungen statt, wird nicht vorpositioniert.

Um den Simulator in longitudinaler Richtung neu zu positionieren, werden mehrere Aspekte ausgewertet. An Stellen, an denen das Fahrzeug potenziell seine Geschwindigkeit verringert oder anhält, wie vor Zebrasteifen, Lichtsignalanlagen oder Kreuzungen sowie bei einer Verringerung der zulässigen Höchstgeschwindigkeit, wird der Simulator in eine vordere Position gebracht, bei Fahrzeugstillstand oder einer Erhöhung der vorgeschriebenen Geschwindigkeit in eine hintere Position. Auch in longitudinaler Richtung wird bei häufigen Wechseln in der prädizierten Beschleunigung auf eine Vorpositionierung verzichtet.

In jedem Teilsystem zur Ansteuerung der Freiheitsgrade wird ein Algorithmus implementiert, der, ähnlich dem Classical-Washout-Algorithmus, nur die Fahrzeugzustände verarbeitet und so praktisch jede Fahrsituation simulieren kann. Dieser dient als Rückfallebene, falls eine Fahrsituation vorliegt, die nicht durch die auf die Auswertung der Umgebungsdaten optimierten Algorithmen dargestellt werden kann. Solche Fahrsituationen liegen zum einen vor, wenn Begrenzungen nicht mehr eingehalten werden können, oder zum anderen, wenn die vorausliegende Situation kein eindeutiges Manöver impliziert. Dies ist z. B. bei Kreuzungen der Fall, da die Routenwahl nicht sicher prädiziert werden kann. Der Übergang zwischen den Algorithmen erfolgt innerhalb definierter Zeitintervalle durch Polynome höherer Ordnung. Durch den rechtzeitigen Beginn des Überblendens wird sichergestellt, dass der entsprechende Algorithmus aktiv ist, bevor die Fahrsituation eintritt, bzw. dass dieser erst aktiv ist, wenn mit der Situation umgegangen werden kann. Dazu werden die aktuelle Fahrzeuggeschwindigkeit, die Anzahl der Spuren sowie deren Breite, vorausliegende Kurven und die gewünschte Skalierung in die Entscheidung einbezogen.

Um die beschriebenen Entscheidungen treffen zu können, werden die möglichen Fahrsituationen anhand Tabelle 5.1 im Algorithmus hinterlegt. Wird eine Fahrsituation erkannt, wird anhand der hinterlegten Situationen entschieden, welcher Algorithmus zur Ansteuerung des Bewegungssystems ausgewählt wird und in welche Richtung vorpositioniert wird. Bei schnell aufeinander folgenden Situationen werden mehrere vorausliegende Manöver in die Betrachtung mit einbezogen, um bspw. eine Vorpositionierung zu verhindern, falls nicht genug Zeit zur Verfügung steht um diese durchzuführen.

5.5 Randbedingungen

Um die Potenziale des vorausschauenden Motion-Cueing-Algorithmus ausschöpfen zu können, müssen verschiedene Randbedingungen erfüllt sein. Durch seine Variabilität hängt die Nutzungshäufigkeit der Algorithmen mit der erweiterten Auswertung von Umgebungsdaten, von deren Verfügbarkeit, der Streckenbeschaffenheit sowie den gewünschten Skalierungen und Beschränkungen ab.

5.5.1 Vorausschauhorizont

Um den beschriebenen Algorithmus für eine vorausliegende Fahrsituation zu konfigurieren, muss diese für eine gewisse Zeit vor dem Erreichen der Situation prädiziert werden können. Dies setzt einen ausreichend großen Vorausschauhorizont voraus.

In der Regel wird dieser über einen Radius um das Fahrzeug definiert. Da das Umschalten der Algorithmen und die Vorpositionierung der Plattform innerhalb definierter Zeitintervalle geschieht, muss die erwartete höchste

Fahrzeuggeschwindigkeit in die Festlegung der Größe des Vorausschauhorizontes einbezogen werden. Als längstes Zeitintervall ergeben sich 20 s für die Neuausrichtung zwischen den maximalen Werten in longitudinaler Richtung. Der Vorausschauhorizont sollte daher mindestens die Strecke umfassen, die in diesem Zeitraum erreicht werden kann.

In Situationen, wie bspw. dem weiteren Streckenverlauf im Anschluss an eine Kreuzung, ist das Aufrechterhalten eines Vorausschauhorizontes nicht gegeben, da sich dieser in Abhängigkeit der vom Fahrer gewählten Strecke ändert. Diese Änderung ist erst nach Durchfahren der Kreuzung ersichtlich. Wie oben beschrieben, wählt der Algorithmus eine Bewegungssimulation, die nur auf Fahrzeuggrößen aufbaut. In einem Fahrsimulatorexperiment ist die Wahl der weiteren Fahrstrecke aufgrund der zu erzielenden Reproduzierbarkeit jedoch meist festgelegt. In diesem Fall sollte der Vorausschauhorizont entsprechend dem Streckenverlauf angepasst werden.

5.5.2 Streckenerstellung

Das Design der Strecke hat einen wesentlichen Einfluss auf die Güte der Bewegungssimulation. Prinzipiell kann der Algorithmus jede Fahrsituation behandeln. Eine Verbesserung der Bewegungssimulation ist jedoch nur zu erwarten, wenn die Manöver von den Elementen dargestellt werden können, die Umgebungsinformationen in ihre Berechnungen einbeziehen.

Neben der möglichst realistischen Nachbildung von Strecken durch Verwendung entsprechender Trassierungselemente wie Klothoiden, sollten, wenn möglich, die Krümmungen der Klothoiden nicht zu schnell ansteigen. Dies verbessert die Bewegungssimulation jedes Motion-Cueing-Algorithmus, da der Aufbau stationärer Beschleunigungsanteile durch Wahrnehmungsschwellen limitiert ist. Weiterhin sollten kombinierte Bewegungen, wie starkes Beschleunigen in einer langgezogenen Kurve, vermieden werden, da der Bewegungsraum des Hexapoden durch die Rollbewegung eingeschränkt wird.

Neben diesen allgemeingültigen Kriterien ergeben sich weitere Vorgaben durch den vorausschauenden Algorithmus und den Bewegungsraum des

Stuttgarter Fahrsimulators. So muss z. B. ein ausreichend großes Zeitintervall zwischen Kurven gegensätzlicher Richtung (bzw. Geschwindigkeitsvorgaben) sichergestellt sein, um die Vorpositionierung nutzen zu können. Gleichgerichtete Veränderungen erfordern dagegen keinen zeitlichen Abstand.

Da der laterale Arbeitsraum des Simulators begrenzt ist, müssen die Spurbreite, die Anzahl der Spuren sowie die Skalierung der Querbeschleunigung beachtet werden. Andernfalls kann die Simulatorposition nicht mehr mit der Fahrzeugposition auf der Straße korreliert werden. Für einspurige Streckenelemente ist dies unkritisch. Bei einer dreispurigen Straße müssen die Kriterien aufeinander abgestimmt werden. Kurven sollten in diesem Fall ausgeschlossen werden, da praktisch kein linearer Arbeitsraum mehr für die Darstellung der Kurvenein- und -ausfahrt mehr zur Verfügung steht.

5.5.3 Parametrierung

Neben dem Einfluss auf die darstellbaren Fahrsituationen hat die Skalierung der Fahrzeugbewegungen Einfluss auf deren Wahrnehmung. Ein hoher Wert der Skalierung ist meist nicht praktikabel, da resultierende maximale Beschleunigungen nicht mehr durch das Bewegungssystem wiedergegeben werden können. Häufig wird ein Wert von 0,5 gewählt [63,92], Werte darunter verschlechtern den Fahreindruck [123].

Neben dem linearen Bewegungsraum sind auch die rotatorischen Bewegungen begrenzt. Mit dem Hexapod lassen sich stationäre Querbeschleunigungen bis maximal $3\,m/s^2$ realisieren. Der Bewegungsraum ist dann jedoch praktisch vollständig ausgeschöpft. Dies sollte ebenfalls bei der Wahl der Skalierung beachtet werden.

Ein weiterer Faktor ist die Limitierung der Signale. Wie aus Abbildung 5.7 hervorgeht, kann die Homogenität des Signalverlaufes durch eine geeignete Wahl beeinflusst werden. Allgemein werden Skalierungen und Limitierungen der einzelnen Freiheitsgrade meist in einer ähnlichen Größenordnung gewählt. Der Einfluss unterschiedlicher Werte ist jedoch nicht eindeutig festzustellen. Eine ausführliche Diskussion der Thematik führt [63].

5.6 Struktur des gesamten Algorithmus zur Simulatorsteuerung

Für eine optimale Bewegungssimulation wird der prädiktive Motion-Cueing-Algorithmus mit Elementen kombiniert, die teilweise in den vorangegangenen Kapiteln zur Optimierung des Bewegungssystems beschrieben werden. Des Weiteren werden Komponenten verwendet, die eine Anpassung des Algorithmus durch den Anwender ermöglichen oder die Ansteuerung des Bewegungssystems überwachen. In Abbildung 5.9 werden die Komponenten sowie die Signalflüsse dargestellt. Dabei ist die in Abbildung 3.1 eingeführte Struktur wiedererkennbar.

Die Skalierung der in Kapitel 5.3 beschriebenen Elemente zur Bewegungssimulation wird direkt in den prädiktiven Algorithmus integriert. Da die Eingangssignale aus verschiedenen Quellen bezogen werden, können diese erst konsistent skaliert werden, wenn sie zusammengeführt werden. Dieser Schritt findet im Algorithmus selbst statt.

Die Wahl der Parameter für die Skalierung der Elemente nimmt der Anwender abhängig vom Anwendungsfall vor. Diese Parametrierung kann zur Laufzeit während der Simulation vorgenommen werden und ermöglicht eine effiziente Abstimmung eines Szenarios.

Der prädiktive Algorithmus bestimmt drei lineare und drei rotatorische Bewegungsgrößen aus den Fahrzeugbewegungen sowie zwei Werte für die Winkel der Tilt Coordination. Diese Werte werden in der Koordinatentransformation, wie in Kapitel 4.2 beschrieben, verarbeitet. Dabei werden die Signale, je nach Ursprung, auf einen Fahrzeugbezugspunkt bzw. den Fahrerkopf bezogen, umgerechnet. Aus der Berechnung folgen Größen in sechs Bewegungsrichtungen.

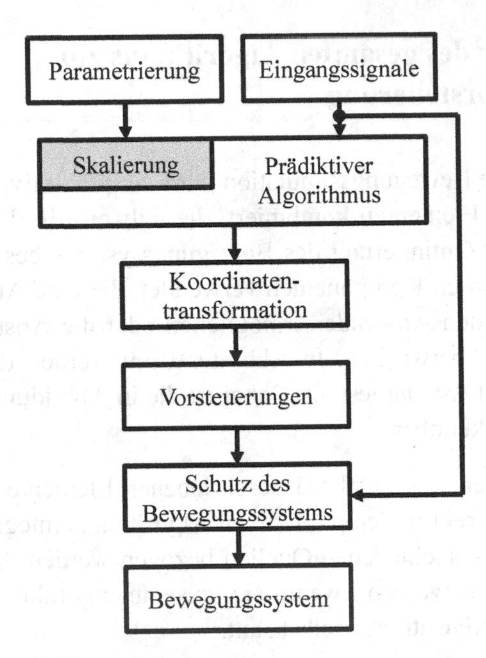

Abbildung 5.9: Übersicht über die gesamte Ansteuerung des Bewegungssystems

Mit diesen werden durch die in Kapitel 4.1 beschriebenen Vorsteuerungen die Positionen der acht Freiheitsgrade des Bewegungssystems unter Berücksichtigung von deren Dynamik bestimmt. Vor der Übertragung der Werte an das Bewegungssystem werden die Signale auf Plausibilität und Einhaltung der Grenzwerte aus Tabelle 2.1 überprüft. Zusätzlich werden die Eingangssignale überwacht, um z. B. ein Verlassen der Straße oder Fahrsituationen zu erkennen, in denen der Fahrer die Kontrolle über das Fahrzeug verloren hat. Tritt eine solche Situation ein, wird das Bewegungssystem in einen sicheren Zustand überführt. Andernfalls werden die Signale übermittelt.

6 Analyse des vorausschauenden Motion-Cueing-Algorithmus

Das Ziel der Analyse des vorausschauenden Motion-Cueing-Algorithmus ist es, seine Leistungsfähigkeit im Verhältnis zum benötigten Aufwand zu ermitteln. Die in Kapitel 5 angestellten theoretischen Überlegungen müssen dazu mit Untersuchungen während des Einsatzes des Algorithmus abgesichert werden.

Für die Validierung des Algorithmus wird eine Probandenstudie im Stuttgarter Fahrsimulator durchgeführt. Die Probanden erhalten die Fahraufgaben, eine Assistenzfunktion zu bewerten sowie auf die Vorgaben „links“ oder „rechts“ durch einen Spurwechsel zu reagieren. Die Fahraufgaben werden in Kapitel 6.1.4 detailliert vorgestellt.

Um eine Vergleichbarkeit mit anderen Algorithmen und der Literatur herzustellen, wird als Referenz der Classical-Washout-Algorithmus herangezogen. Dieser wird für das eingesetzte Szenario parametriert und implementiert.

Mithilfe dieses Versuchsdesigns können sowohl objektive als auch subjektive Kriterien für die Bewertung der beiden Algorithmen aufgestellt werden. Mit den während der Studie aufgezeichneten Messdaten kann die Güte der wiedergegebenen Fahrzeugbewegungen sowohl über die gesamte Fahrt als auch für einzelne Manöver analysiert werden.

Für die subjektive Bewertung geben die Probanden eine Rückmeldung mittels Fragebögen, die vor und nach den Fahrten ausgefüllt werden. Da die Fahrten an verschiedenen Tagen stattfinden, scheidet eine Befragung in den Kategorien „besser/schlechter“ aus. Stattdessen wird die Qualität der Bewegungsdarstellung mit dem Wohlbefinden der Probanden in Zusammenhang gebracht. Zur Messung des körperlichen Zustandes der Fahrer dient der SSQ[7] [124].

Für die Durchführung einer Studie in einem Fahrsimulator ergeben sich verschiedene kontrollierbare Parameter. Dazu gehören die Probandenzusammensetzung sowie die Streckenbeschaffenheit. In den folgenden Abschnitten wird auf das Untersuchungslayout und die enthaltenen Parameter eingegangen.

6.1 Studienlayout

6.1.1 Probandenauswahl

Um belastbare subjektive Ergebnisse aus den Befragungen der Probanden ableiten zu können, muss das Fahrerkollektiv der Gesamtheit der potenziellen Fahrer im Stuttgarter Fahrsimulator entsprechen. Als Grundgesamtheit für den Fahrsimulator wird die Verteilung der deutschen Bevölkerung herangezogen.

Für homogene Ergebnisse werden bei der Probandenauswahl nur Personen berücksichtigt, die bereits an anderen Studien im Simulator teilgenommen haben und somit über eine gewisse Erfahrung verfügen. Nervosität oder ähnliche Effekte durch den Erstkontakt mit dem System können somit ausgeschlossen werden. Hierfür steht am Stuttgarter Fahrsimulator ein Probandenpool mit Personen zwischen 20 und 70 Jahren und unterschiedlichen Berufen zur Verfügung.

Als Grundlage für die gesellschaftliche Verteilung in Deutschland dienen die Daten des Zensus 2011 [125]. Um eine möglichst große Überdeckung der Stichprobe mit dem gesellschaftlichen Querschnitt zu erzielen, werden die demografischen Kriterien Alter und Geschlecht herangezogen. Diese Kriteri-

[7] Simulator Sickness Questionnaire.

en werden in Gruppen unterteilt, deren Anteil in der Grundgesamtheit mit dem Anteil im Probandenkollektiv möglichst exakt übereinstimmen muss.

Da die Anzahl der Permutationen gering gehalten werden soll, wird die Altersverteilung in drei möglichst gleich große Klassen differenziert [126]. Diese sind in Tabelle 6.1 aufgetragen.

Tabelle 6.1: Altersklassen

Altersklasse	**Spanne in Jahren (je einschließlich)**
Jung	20 bis 34
Mittel	35 bis 49
Alt	50 bis 70

Aufgrund der aufgestellten Kriterien werden zufällig Probanden ausgewählt und im Laufe der Studie befragt. Nach Abschluss der Studie liegen von 43 Teilnehmern gültige Ergebnisse vor. Da ab einem Stichprobenumfang von 30 davon ausgegangen werden kann, dass die Mittelwerte der Messungen gemäß einer Normalverteilung streuen, gilt dies auch für das hier vorgestellte Experiment [126,127].

Einen Vergleich der Anteile der hergeleiteten Gruppen zwischen Gesellschaft und dem auswertbaren Stichprobenumfang, zeigt Abbildung 6.1. Da die Anteile der relevanten Gruppen in guter Näherung übereinstimmen, kann davon ausgegangen werden, dass die erhobenen Ergebnisse der Untersuchung mit dem Verhalten der Grundgesamtheit übereinstimmen.

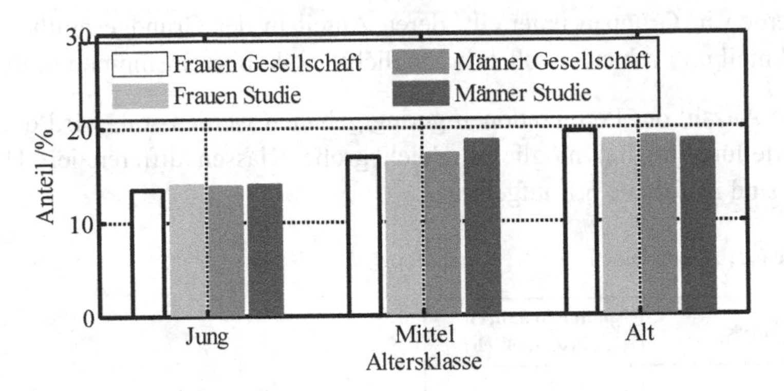

Abbildung 6.1: Probandenverteilung nach Personengruppen [128]

6.1.2 Fahraufgabe

Die Probanden sollen sich, wie oben erläutert, nicht auf die Bewegungsdarstellung fokussieren. Eine Bewertung der Güte der Motion-Cueing-Algorithmen erfolgt aufgrund deren Einfluss auf das Wohlbefinden der Probanden. Daher wird die Betrachtung der Algorithmen mit zwei weiteren Untersuchungen kombiniert.

Dabei handelt es sich zum einen um die Bewertung eines Assistenzsystems zur Fahrzeuglängsführung und die Akzeptanz dessen. Zum anderen wird untersucht, wie sich die Reaktionszeit der Probanden verhält, wenn Sie eine Ansage zum Spurwechsel aus räumlich verschiedenen Positionen erhalten.

Die Assistenzfunktion dient dazu, die Fahrzeuggeschwindigkeit eines Elektrofahrzeuges an die Umgebung anzupassen. Dabei werden sowohl Geschwindigkeitsbegrenzungen als auch Bereiche mit erhöhtem Gefahrenpotenzial, wie z. B. vor Schulen, in die Betrachtung mit einbezogen. Die Geschwindigkeit des Fahrzeuges wird durch die Assistenzfunktion den Umgebungsbedingungen entsprechend angepasst. Dabei behält der Fahrer die volle Kontrolle über das Fahrzeug und kann die Vorgaben der Funktion ggfs. jederzeit überstimmen.

Das Hauptziel der Assistenzfunktion ist es, in Gefahrenbereichen den Fahrer dabei zu unterstützen, eine der Situation angepasste Geschwindigkeit zu wählen. Dies führt zu einer geringeren Ausgangsgeschwindigkeit, falls eine Notsituation auftritt, und damit zu kürzeren Anhaltewegen. Somit kann die Sicherheit von Elektrofahrzeugen und deren Umgebung im urbanen Umfeld erhöht werden.

Dies kann nur gelingen, wenn der Fahrer die Vorgaben der Funktion als angenehm empfindet und die Sollgeschwindigkeit möglichst selten überstimmt, was eine möglichst hohe Akzeptanz der Funktion durch den Fahrer voraussetzt. Daher werden in Bereichen mit geringem Gefahrenpotenzial größere Einflussmöglichkeiten und damit höhere Fahrgeschwindigkeiten zugesprochen, während diese in potenziell sicherheitskritischen Situationen stärker eingeschränkt werden. Die Akzeptanz des Systems hängt stark mit der Gestaltung dieses Freiheitsgrades zusammen. Um ein Maximum zu finden, wurden in Vorstudien drei Varianten der Assistenzfunktion identifiziert, welche im Rahmen der Untersuchung zum Einsatz kommen sollen. Die Untersuchung ist Bestandteil des vom Bundeministerium für Bildung und Forschung geförderten Projektes „Zuverlässigkeit und Sicherheit von Elektrofahrzeugen" und wird in [129,130] vorgestellt.

Die Fahraufgabe zur Untersuchung der Assistenzfunktion ermöglicht eine gute Vorhersagbarkeit der Fahrzeugreaktionen. Dabei sind Manöver mit geringerer Dynamik zu erwarten. Wie in Kapitel 3.1.1 erläutert sollte ein Motion-Cueing-Algorithmus auch Fahrsituationen mit einer höheren Dynamik gut abbilden können. Die Probanden bekommen daher die Aufgabe, möglichst schnell auf die akustischen Ansagen „links" bzw. „rechts" zu reagieren und einen Spurwechsel auszuführen. Die Testpersonen führen dadurch ein dynamisches Manöver durch, ohne sich auf die Bewegungsdarstellung zu konzentrieren. Um dies zu verstärken, werden die Befehle aus den drei Raumrichtungen „mittig", „links" und „rechts" abgespielt. Mit diesem Versuchslayout kann die Reaktionszeit des Fahrers auf die drei Permutationen

- Ansage und Richtung korreliert,
- Ansage und Richtung entgegengesetzt und
- Ansage mittig

ermittelt werden.

Aus beiden Aufgabenstellungen ergeben sich Randbedingungen für die Streckenerstellung, welche im folgenden Kapitel zusammengefasst und mit den Anforderungen für die Untersuchung der Motion-Cueing-Algorithmen in Übereinstimmung gebracht werden.

6.1.3 Streckenbeschaffenheit

Bevor eine Stecke für den Simulator erstellt werden kann, müssen zunächst die oben beschriebenen Anforderungen analysiert und entsprechende Streckenelemente abgeleitet werden. Das allgemeinste Kriterium ist die Fahrdauer. Diese soll für den Versuch 30 *min* nicht überschreiten. Damit ist sichergestellt, dass die Konzentration der Probanden über die Fahrtdauer nicht zu stark abnimmt und die Ergebnisse verfälscht.

Aus einer freien Fahrt der Probanden ohne Unterstützung durch die Assistenzfunktion, den drei Varianten der Funktion und zwei Versuchstagen für die beiden Motion-Cueing-Algorithmen leitet sich als Strecke ein Rundkurs ab, welcher an den beiden Tagen je zweimal befahren wird. Um eine Vergleichbarkeit der Längsdynamikdarstellung der beiden Algorithmen zu ermöglichen, sollten ausreichend Bereiche mit unterschiedlichen Geschwindigkeitsniveaus vorhanden sein. Dies führt auch zu einem häufigen Eingreifen der Assistenzfunktion.

Für die Reaktionstests sollte ein Streckenabschnitt mit möglichst wenigen anderen Reizen zur Verfügung stehen. Daher wird ein gerader Autobahnteil mit drei Spuren gewählt.

Als Trassierungselemente der Strecke werden, wie im Straßenbau, Geraden, Klothoiden und Kreisbögen verwendet [131]. Bei dem Vergleich der beiden

Motion-Cueing-Algorithmen soll durch die Streckenbeschaffenheit kein Nachteil eines Algorithmus hervorgehoben werden. Daher wird die Änderung der Krümmung in den Klothoidenabschnitten an die maximal mögliche Winkelgeschwindigkeit der Tilt Coordination, unter Berücksichtigung der zugelassenen Geschwindigkeit, angepasst. Es wird auf Situationen verzichtet, die allgemein nur schwierig im Simulator dargestellt werden können, da diese den Fahreindruck dominieren und das Ergebnis verfälschen. Um eine möglichst „simulatortaugliche" Strecke zu erhalten, werden Manöver, denen der betrachtete Simulator aus physikalischen Gründen nur sehr eingeschränkt folgen kann, nicht integriert (z. B. scharfes Abbiegen).

In Abbildung 6.2 ist der Rundkurs mit den Geschwindigkeitsbereichen schematisch abgebildet. Auf der geraden Autobahnstrecke im oberen Teil finden die Reaktionstests statt. Alle weiteren, nicht markierten Streckenteile sind einspurige Landstraßenbereiche. Aus der oben angegebenen maximalen Fahrtdauer pro Proband und den Geschwindigkeitsbegrenzungen ergibt sich eine Streckenlänge von ca. 15 km.

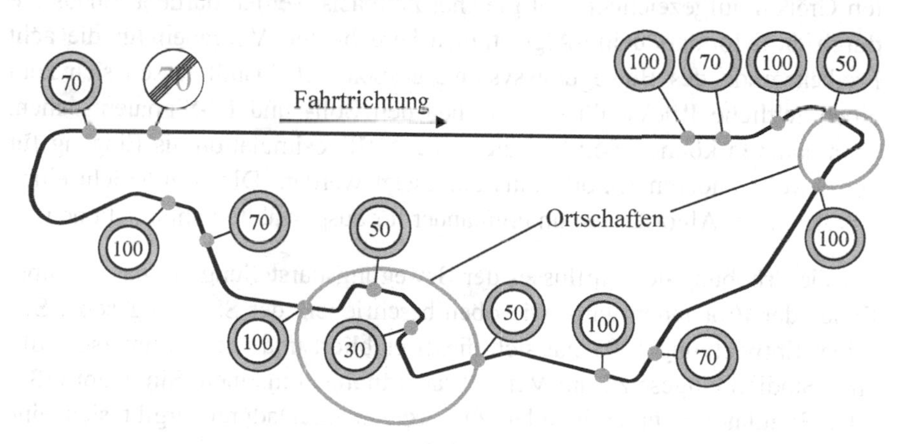

Abbildung 6.2: Schematische Ansicht des Rundkurses

In dem Rundkurs sind folgende Situationen enthalten, die in Kapitel 6.3 für Vergleiche herangezogen werden:

- Innerortsbereiche mit 30 und 50 km/h Bereichen und Kurven
- Landstraßen mit 70 und 100 km/h Bereichen und Kurven
- Dreispurige Autobahn mit Spurwechseln

Aufgrund des Streckenlayouts ist zu erwarten, dass auch der Classical-Washout-Algorithmus die Fahrzeugbewegungen und -beschleunigungen gut reproduzieren kann.

6.1.4 Befragung und Datenerhebung

Zur Bewertung der Wiedergabe der Fahrzeugbewegungen durch die beiden Algorithmen werden sämtliche von der Fahrdynamiksimulation übermittelten Größen aufgezeichnet. Mit gleicher Zeitbasis werden darüber hinaus die durch die Motion-Cueing-Algorithmen berechneten Vorgaben für die acht Freiheitsgrade des Bewegungssystems gespeichert. Damit lassen sich zum einen zeitliche Rückschlüsse zwischen den Soll- und Ist-Signalen ziehen. Zum anderen können Soll-Signale in der Offlinesimulation als Eingang für den jeweils anderen Algorithmus eingesetzt werden. Dies ermöglicht einen Vergleich der Algorithmen untereinander für ausgewählte Fahrsituationen.

Für die Erhebung des Einflusses der Bewegungsdarstellung auf das Wohlbefinden der Probanden wird, wie oben beschrieben, der SSQ eingesetzt. Seit seiner Entwicklung 1993 hat sich dieser etabliert und wird in unterschiedlichen Studien eingesetzt, um Versuchsanordnungen in einem Simulator [132] oder Simulatoren untereinander zu vergleichen. Dadurch ergibt sich eine Vergleichbarkeit mit andern Studien [133].

Der SSQ erfasst mit Hilfe von 16 Fragen das Vorhandensein einzelner Symptome sowie deren Ausprägung in vier Stufen zwischen „gar nicht" und „stark". Über Gewichtungsfaktoren werden einzelne Symptome in die drei

Kategorien Nausea[8], Okulomotorik[9] und Desorientierung[10] zusammengefasst. Des Weiteren wird aus den drei Kategorien ein gewichteter Summenwert ermittelt, der Rückschlüsse über das ganzheitliche Wohlbefinden der Versuchsperson und das Auftreten der Simulatorkrankheit (siehe Kapitel 2.3.2) zulässt.

Der SSQ wird von den Probanden insgesamt viermal, jeweils einmal vor und nach jeder Fahrt, ausgefüllt. Teilnehmer, die bereits vor dem Versuch stärkere Anzeichen von Unwohlsein zeigen, werden nicht in der Erhebung berücksichtigt. Den verwendeten Fragebogen zeigt Abbildung A.2 im Anhang.

6.2 Referenzalgorithmus

Um die Bewegungsdarstellung des vorausschauenden Algorithmus einordnen zu können, müssen dessen Ergebnisse mit denen eines Referenzalgorithmus verglichen werden. In der Literatur werden häufig einer oder mehrere der in den Kapiteln 2.7.1 und 2.7.2 vorgestellten Classical-Washout-, Optimal-Control- und Coordinated-Adaptive-Algorithmen verwendet (vgl. z. B. [113]).

Mit jedem Vergleichsalgorithmus steigt bei der vorgestellten Studie der Bedarf an Versuchstagen. Um den Umfang der Studie in einem praktisch durchführbaren Bereich zu halten, soll daher nur der am weitesten verbreitete Ansatz gewählt werden. Der am häufigsten eingesetzte und in anderen Studien herangezogene Algorithmus ist der Classical-Washout-Algorithmus [134]. Dieser diente auch für die Inbetriebnahme des Stuttgarter Fahrsimulators. Weiterhin sprechen für diesen Algorithmus, im Gegensatz zu den beiden anderen Alternativen, seine Universalität und vergleichsweise einfache Para-

8 Griechisch für Seekrankheit, Synonym für Übelkeit [67].

9 Willkürliche oder unwillkürliche Augenbewegungen [67].

10 Einschränkung der Fähigkeit sich zeitlich, örtlich, situativ oder die eigene Person betreffend einzuordnen und sich zurechtzufinden [67].

metrierbarkeit. Der Aufwand zur Nutzung des Algorithmus, welcher ebenfalls ein Bewertungskriterium ist, ist daher am geringsten.

Für die Parametrierung des Classical-Washout-Algorithmus werden die gleichen Wahrnehmungsschwellen und Skalierungen verwendet wie für den vorausschauenden Algorithmus. Eine Vergleichbarkeit ist somit gegeben.

In den Signalzweigen des Schlittensystems und der linearen Hexapodbewegung werden klassische Hochpassfilter verwendet. Diese erzeugen im Moment des Anhaltens des Fahrzeuges, also bei einer sprunghaften Änderung der Beschleunigung von einem negativen Wert auf null, einen positiven Ruck in Fahrzeuglängsrichtung (vgl. Kapitel 5.3.2). Dieser Ruck wird vom Fahrer stark wahrgenommen und ist in dieser Situation unnatürlich. Eine Möglichkeit, diesen Effekt abzumildern, ist die Verzögerung in den beiden Zweigen bei einem Bremsvorgang in Abhängigkeit der Fahrzeuggeschwindigkeit linear zu skalieren. Die negative Beschleunigung wird so nicht sprunghaft, sondern quasi linear auf null zurückgeführt [51].

In Abbildung 6.3 wird ein generischer Anhaltevorgang aus 50 km/h gezeigt. Die Beschleunigung beträgt $-3\ m/s^2$ und wird bereits skaliert dargestellt. Das vom Motion-Cueing-Algorithmus berechnete Signal ist die Summe aus Schlitten- und linearer Hexapodbewegung. Es ist zu erkennen, dass der Ruck verhindert werden kann.

Der Classical-Washout-Algorithmus wird für den Bewegungsraum des Stuttgarter Fahrsimulators und die Beschleunigungsgrenzen parametriert, die Kompensation des Rucks implementiert und dient als Referenzalgorithmus für den vorausschauenden Algorithmus.

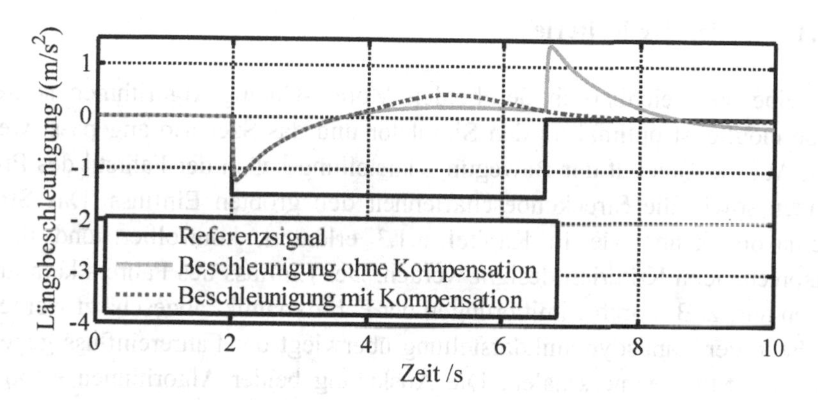

Abbildung 6.3: Anhaltevorgänge mit dem Classical-Washout-Algorithmus

6.3 Auswertung und Ergebnisse

Für die Auswertung der erhobenen Größen stehen 43 vollständige Datensätze zur Verfügung. Die Probandenverteilung dieser gültigen Versuche ist in Kapitel 6.1.1 beschrieben.

Anhand der aufgezeichneten Ein- und Ausgangsgrößen der Motion-Cueing-Algorithmen wird im Folgenden zunächst die korrekte Auslegung der Ansätze validiert. Durch Betrachtung der falschen Motion Cues und der Nutzung des Bewegungsraumes findet eine Bewertung der Beschleunigungswiedergabe statt. Darüber hinaus werden einige Fahrsituationen im Detail für einen Vergleich der Algorithmen herangezogen.

Abschließend gibt die Auswertung des SSQ Rückschlüsse auf den Einfluss der beiden betrachteten Algorithmen und auf das Wohlbefinden der Probanden.

6.3.1 Objektive Kriterien

Für eine Vergleichbarkeit der beiden Motion-Cueing-Algorithmen sollten diese möglichst optimal an den Simulator und das Szenario angepasst werden. Auf die Qualität der Bewegungsdarstellung haben der Fahrstil des Probanden sowie die Streckenbeschaffenheit den größten Einfluss. Das Streckenlayout kann, wie in Kapitel 6.1.3 erläutert, kontrolliert und unter entsprechenden Kriterien designt werden. Der Einfluss des Fahrers kann dagegen nur, z. B. durch Limitierungen der Fahrdynamik, abgeschätzt werden. Im Falle der Längsdynamikdarstellung überwiegt der Fahrereinfluss gegenüber den Streckenmerkmalen. Die Auslegung beider Algorithmen erfolgte unter Berücksichtigung dieser Aspekte.

Diese Auslegungen sollen anhand der aufgezeichneten Daten der Simulatorstudie validiert werden. Werden während der Fahrt keine Grenzen, wie bspw. Wahrnehmungsschwellen, verletzt, besteht zwischen den Ein- und Ausgängen der Algorithmen ein linearer Zusammenhang. Falsche oder fehlende Motion Cues können nur entstehen, wenn die Algorithmen außerhalb der vorgesehenen Grenzen betrieben oder Frequenzweichen ungünstig gewählt werden. Da die Aufbaubewegungen des Fahrzeuges bei beiden Ansätzen möglichst nur durch eine Skalierung dargestellt werden, wird der Fokus auf die Längs- und Querbeschleunigungen gelegt. Für die Gierbewegungen sei auf Kapitel 5.3.1 verwiesen.

Mithilfe der Analyse der Korrelation von Merkmalen kann deren lineare Abhängigkeit voneinander bestimmt werden [135]. Die zeitliche Verzögerung durch die Algorithmen wurde bei der Auslegung optimiert und kann aufgrund der Abtastrate der aufgezeichneten Daten nicht sicher aufgelöst werden. Die linearen Abhängigkeiten werden daher für eine Verschiebung $\tau = 0\ s$ angegeben. Somit liegen die betrachteten Ein- und Ausgangsgrößen der Algorithmen paarweise vor und der empirische Korrelationskoeffizient kann durch das Produkt der Standardabweichungen berechnet werden [136].

Es ergibt sich

$$r_{a_{Frzg.}a_{ist}} = \frac{\sum_{i=1}^{N}(a_{Frzg.,i} - \bar{a}_{Frzg.})\,(a_{ist,i} - \bar{a}_{ist})}{\sqrt{\sum_{i=1}^{N}(a_{Frzg.,i} - \bar{a}_{Frzg.})^2 \sum_{i=1}^{N}(a_{ist,i} - \bar{a}_{ist})^2}} \qquad \text{Gl. 6.1}$$

mit der Anzahl der Messwerte N im betrachteten Bereich. Der Wertebereich des Koeffizienten beträgt $-1 \leq r_{a_{Frzg.}a_{ist}} \leq 1$. Der Wert 1 steht für einen vollständigen linearen Zusammenhang der betrachteten Signale, -1 für ein gegensinniges Verhalten. Bei einem Koeffizienten von 0 liegt keine lineare Abhängigkeit vor. Dennoch kann ein nichtlinearer Zusammenhang zwischen den Daten bestehen.

Als Signale zur Bestimmung des Koeffizienten werden die entsprechenden Ein- und Ausgänge der Motion-Cucing-Algorithmen verwendet. Als Eingang steht immer das Beschleunigungssignal der betrachteten Bewegungsrichtung aus dem Fahrzeugmodell zur Verfügung. Dieses wird verglichen mit dem Wert, der dem Fahrer präsentiert wird, also der Summe aus linearen Simulatorbewegungen und dem Anteil der durch die Tilt Coordination dargestellten Beschleunigung, welche als a_{ist} zusammengefasst wird.

Die Berechnung des Korrelationskoeffizienten für die Längsdynamikwiedergabe erfolgt aufgrund der oben beschriebenen geringen Abhängigkeit von Streckenmerkmalen über den gesamten Rundkurs. Der vorausschauende Algorithmus erreicht den Wert 0,9, der klassische Ansatz 0,92. Die Auslegung der Algorithmen ist somit auf demselben Niveau.

In Fahrzeugquerrichtung erfolgt eine Differenzierung in die in Kapitel 6.1.3 beschriebenen Streckenabschnitte. Die Innerortsbereiche werden zusätzlich in Bereiche mit einer Geschwindigkeitsbegrenzung von 30 und $50\ km/h$ aufgeteilt (vgl. Kapitel 5.4). In Abbildung 6.4 sind die Korrelationskoeffizienten für beide Algorithmen und Streckenabschnitte dargestellt.

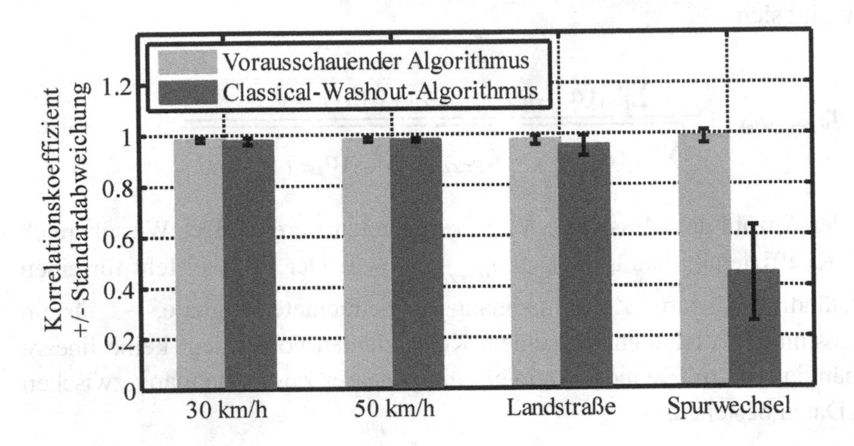

Abbildung 6.4: Korrelationskoeffizienten der Querbeschleunigung für verschiedene Steckenabschnitte

Beide Algorithmen liefern in Streckenabschnitten ohne zusätzliche querdynamische Fahraufgabe hohe Werte. Damit kann von einem linearen Zusammenhang zwischen Ein- und Ausgangssignal ausgegangen werden. Die Auslegungen beider Algorithmen erfüllen die Anforderungen durch das vorgegebene Szenario.

Für Manöver mit höherer Dynamik, wie sie bei den Spurwechseln der Autobahnfahrt auftreten, fällt der Classical-Washout-Algorithmus gegenüber dem vorausschauenden Ansatz zurück. Dies deckt sich mit den Ergebnissen aus anderen Studien, die den klassischen Algorithmus mit einem Ansatz, der die Fahrzeugposition auf der Spur in seine Berechnungen einbezieht, vergleichen [112]. Der Classical-Washout-Algorithmus müsste für einzelne Fahraufgaben neu parametriert werden. Dies ist jedoch in seiner Grundform, wie sie hier verwendet wird, nicht möglich. Daher wird dieser Abschnitt gesondert ausgewertet.

Neben dem Korrelationskoeffizienten dient auch die Wurzel des mittleren quadratischen Fehlers als Kennzeichen für die Auslegung der Algorithmen. Der tatsächliche Wert $a_{Frzg.}(t)$ ist bekannt und muss nicht aus dem Mittelwert gemessener Werte hergeleitet werden. Außerdem liegt pro Zeitschritt nur ein Messwert vor. Die Berechnung nach [137] reduziert sich zu

$$rmsd_{a_{Frzg.}a_{ist},i} = \sqrt{rms_{a_{Frzg.}a_{ist},i}} = \sqrt{(a_{Frzg.,i} - a_{ist,i})^2} \qquad \text{Gl. 6.2}$$

mit $1 \leq i \leq N$. Die Anzahl der Messwerte N ergibt sich aus der individuellen Fahrtdauer und der Abtastrate der aufgezeichneten Daten. Um einen Indikator für alle Fahrten zu erhalten, wird ein Mittelwert über die Messwerte und alle Probanden gebildet.

Für die Längsdynamik wird wieder der gesamte Rundkurs herangezogen. Für den Classical-Washout-Algorithmus beträgt die Wurzel aus dem Quadrat der mittleren Abweichung zwischen Fahrzeug- und dargestellter Beschleunigung 0,07 m/s^2. Bei dem vorausschauenden Ansatz 0,06 m/s^2. Diese geringen Werte rühren z. T. aus Streckenabschnitten mit längerer, gleichbleibender, vorgeschriebener Geschwindigkeit. Da die tatsächlich gefahrene Geschwindigkeit jedoch durch den Einfluss des Fahrers leicht variiert und dieser Umstand für beide Algorithmen gleichermaßen gilt, wird auf eine Aufteilung in Streckenabschnitte verzichtet. Weiterhin wird auf die Manöveranalyse in einem späteren Abschnitt dieses Kapitels verwiesen.

Die Werte für die Wurzel aus der mittleren quadratischen Abweichung der Querbeschleunigung zeigt Abbildung 6.5. Diese haben, außer für hochdynamische Manöver bei Verwendung des klassischen Ansatzes, geringe Werte und zeigen somit ähnliche Zusammenhänge wie die Korrelationskoeffizienten.

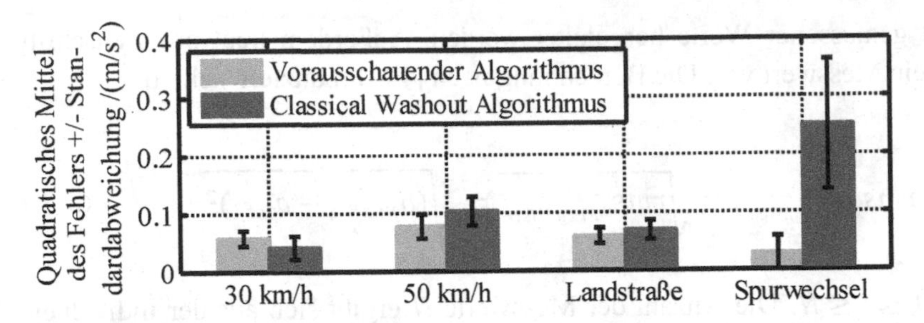

Abbildung 6.5: Wurzel der mittleren quadratischen Abweichung der Querbeschleunigung

Die korrekte Auslegung der beiden zu vergleichenden Motion-Cueing-Algorithmen kann mit der Betrachtung von Korrelationskoeffizient und mittlerer Abweichung von Fahrzeugbeschleunigung und dem Fahrer präsentierten Bewegungen validiert werden. Für diese Untersuchung werden die gesamten Ein-/Ausgangsbeziehungen der Algorithmen betrachtet. Es können daher keine Rückschlüsse darauf gezogen werden, auf welche Art und Weise die Algorithmen eine gute Beschleunigungswiedergabe erzielen.

Wie in Kapitel 5.1 beschrieben, ist die Häufigkeit der Nutzung der Tilt Coordination ein Faktor, um die Art der Bewegungssimulation zu bewerten. Zum einen ist sie problematisch bezüglich des Einflusses des Wohlbefindens der Probanden (siehe Kapitel 2.4.5), zum anderen entsprechen Drehbewegungen nicht der hauptsächlich linearen Bewegungsform von Fahrzeugen. Eine geringe Verwendung von Rotationen zur Simulation eigentlich linearer Beschleunigungen bei gleichzeitig hoher Güte des Zusammenhanges zwischen Soll- und Ist-Signalen der Gesamtbeschleunigung, entspricht zudem einer guten Ausschöpfung des linearen Bewegungsraums des Simulators.

Neben der Nutzung der Tilt Coordination werden einzelne Manöver im Zeitbereich betrachtet. Dies sind Änderungen der Fahrzeuggeschwindigkeit, Kurvenfahrten bei verschiedenen Geschwindigkeiten sowie Spurwechsel. Anhand dieser Manöver können Folgerungen für die Qualität der Bewegungsdarstellung abgeleitet werden.

Die Tilt Coordination wird für die Längsdynamiksimulation von beiden Algorithmen gleich häufig eingesetzt, da dieselben Filter und Wahrnehmungsschwellen verwendet werden. Die drei bisher betrachteten Kriterien lassen somit keine signifikanten Unterschiede zwischen den Ansätzen erkennen.

Um Unterschiede deutlich zu machen, zeigt Abbildung 6.6 den Beschleunigungsverlauf bei einem generischen Anhaltevorgang aus $100\ km/h$ bei einer Bremsung mit $-3\,m/s^2$, welche anschließend skaliert werden (Faktor 0,5). Sie wird innerhalb einer Sekunde linear aufgebaut. Auf der linken Seite ist ausschließlich der lineare Anteil der simulierten Beschleunigung aufgetragen. Das Schlittensystem wurde durch den vorausschauenden Algorithmus vorpositioniert. Es ist zu erkennen, dass durch die Vorausschau ein größerer linearer Beschleunigungsanteil generiert und dem Soll-Signal besser gefolgt werden kann.

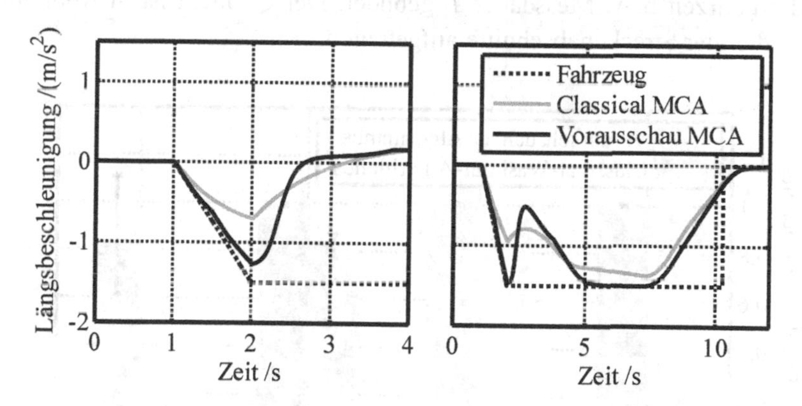

Abbildung 6.6: Vergleich der Algorithmen bei einem Bremsvorgang

In Kombination mit der Tilt Coordination ergeben sich die Signalverläufe der rechten Seite des Bildes. Der vorausschauende Algorithmus kann zwar dem Beginn der Verzögerung durch lineare Beschleunigung besser folgen und erreicht das Sollbeschleunigungsniveau, es bleibt jedoch eine relativ große Lücke zwischen linearen und Tilt Coordination Anteilen. Diese Lücke ist auch bei dem klassischen Algorithmus vorhanden und ist eine Folge der konservativen Wahl der Grenzen für die Wahrnehmungsschwellen. Die Wahl größerer Grenzen für die Nickrate und -beschleunigung würden die Lücke verkleinern und einen homogeneren Verlauf erzeugen. Dies legen auch die Werte der Korrelationskoeffizienten nahe, die auf einen gewissen nichtlinearen Zusammenhang hinweisen. Auf die Schwierigkeiten der Verwendung größerer Grenzwerte wird in Kapitel 6.4 weiter eingegangen.

Um die Nutzung der Tilt Coordination für die Querdynamiksimulation darzustellen, wird diese in ein Verhältnis zur Fahrzeugbewegung gestellt. Dazu werden die Beträge der insgesamt geforderten sowie der durch Rotation simulierten Beschleunigung bestimmt und anschließend der Quotient

$$r_{TC} = \frac{\int_0^T |\ddot{y}_{Sim.,tilt}(t)|dt}{\int_0^T |\ddot{y}_{Frzg}(t)|dt} \quad \text{Gl. 6.3}$$

mit der Fahrzeit bzw. Messdauer T gebildet. Der Quotient ist in Abbildung 6.7 für die vier Streckenabschnitte aufgetragen.

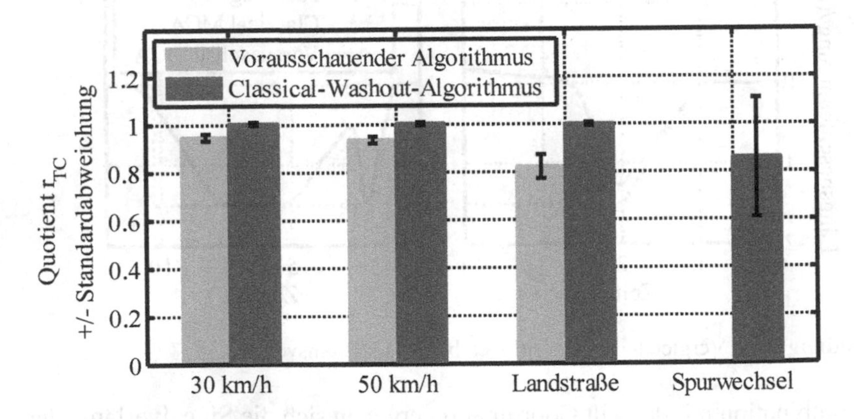

Abbildung 6.7: Verhältnisse der durch Rotation dargestellten Beschleunigungsanteile

Die Werte für die Spurwechselmanöver können wieder nur unter den oben beschriebenen Einschränkungen interpretiert werden. Bei den drei anderen Streckenabschnitten erreicht der Quotient den Wert 1. D. h., sämtliche Fahrzeugbeschleunigungen werden durch die Tilt Coordination dargestellt. Aus der Struktur des Classical-Washout-Algorithmus in Abbildung 2.12 geht hervor, dass für den Signalanteil der Tilt Coordination lediglich eine Tiefpassfilterung der Fahrzeugbeschleunigung vorgenommen wird. Ein Verlust von Signalanteilen kann nur in den nichtlinearen Anteilen der Beschränkung der Rotationsbewegung erfolgen. Da Strecke und Parameter gezielt aufeinander abgestimmt sind, kommt dies praktisch nicht vor. Durch die Filterung ist das Signal somit lediglich zeitlich verschoben.

Da die Rotationsbewegung bei dem vorausschauenden Algorithmus nur in Kurvenbereichen zugelassen wird, kann diese in den hier betrachteten Abschnitten nie den Wert 1 erreichen. Der Quotient des vorausschauenden Algorithmus liegt in allen Streckenabschnitten unterhalb der Werte des klassischen Ansatzes. Mit zunehmender Fahrzeuggeschwindigkeit nimmt der Wert für den vorausschauenden Algorithmus ab. Die Spurwechsel finden auf einem geraden Streckenabschnitt statt; der Quotient beträgt daher auf diesem Abschnitt 0. In den Bereichen mit 30 und $50\,km/h$ Beschränkung beträgt er 0,95 bzw. 0,94, in den Landstraßenabschnitten 0,82.

Für die Situationsanalyse werden Kurvenfahrten mit 50, 70 und $100\,km/h$ sowie ein Spurwechselabschnitt betrachtet. Aus den bisherigen Ergebnissen geht hervor, dass es praktisch keine Unterschiede zwischen den Bereichen 30 und $50\,km/h$ gibt. Daher wird nur ein exemplarisches Manöver herausgegriffen. Vor sämtlichen Kurvenfahrten findet bei der Verwendung des vorausschauenden Algorithmus eine Vorpositionierung des Schlittensystems statt. Sämtliche Soll-Signale sind bereits mit einem Faktor von 0,5 skaliert.

Bei den in Abbildung 6.8 und auf der linken Seite von Abbildung 6.9 gezeigten Kurvenfahrten folgt der Classical-Washout-Algorithmus zwar dem Verlauf der Fahrzeugbeschleunigung, es sind jedoch Abweichungen zu erkennen. Diese treten vor allem bei Bewegungen auf, die auf Richtungskorrekturen durch den Fahrer zurückzuführen sind. Darüber hinaus wird das maximale Niveau der Sollbeschleunigung selten erreicht. Für beide Fälle zeigt der vorausschauende Ansatz gute Ergebnisse. Er folgt der Fahrzeugbeschleunigung praktisch immer auf dem entsprechenden Niveau.

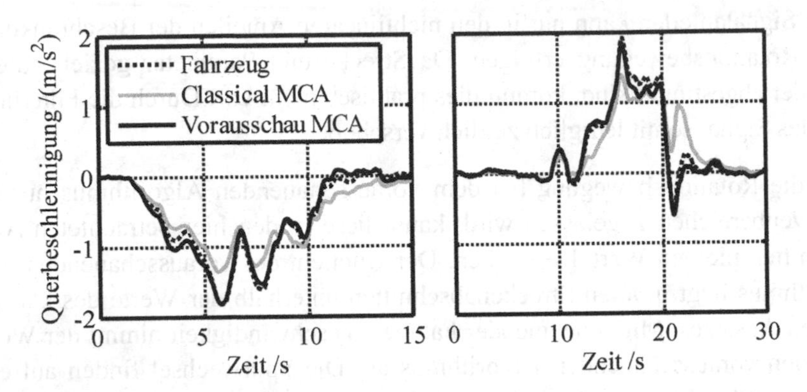

Abbildung 6.8: Kurvenfahrten bei 50 km/h (links) und 70 km/h (rechts) [116]

Der signifikanteste Unterschied zeigt sich am Kurvenausgang. Hier unterscheiden sich die Fahrzeug- und dargestellte Beschleunigung bei Verwendung des klassischen Algorithmus häufig. Die Abweichung steigt bei abrupten Änderungen der Fahrzeugbeschleunigung, die durch den Fahrstil hervorgerufen werden. Auf der rechten Seite von Abbildung 6.8 wird dies besonders deutlich. Hier sind sogar die Richtungen der Beschleunigungen vertauscht. Der vorausschauende Ansatz kann am Kurvenausgang dem Sollverlauf besser folgen, da hier die Streckeninformation über die Lage des Kurvenausgangs verarbeitet wird. Dadurch wird der Winkel der Tilt Coordination frühzeitig zurückgenommen. Der klassische Ansatz kann aufgrund der implementierten Wahrnehmungsschwellen nicht mehr schnell genug reagieren.

Auf der rechten Seite von Abbildung 6.9 ist eine Folge von Spurwechseln dargestellt. Nach einem schnellen Wechsel auf die linke Fahrspur durch eine Ansage „links" folgt ein langsames Zurückfahren auf die mittlere Spur und als Reaktion auf eine erneute Ansage „links" wieder ein schneller Wechsel auf die linke Spur (vgl. Kapitel 6.1.2). Die Ergebnisse aus den vorangegangenen Betrachtungen bestätigen sich hier anschaulich. Während der vorausschauende Algorithmus durch die Information der Fahrzeugposition auf der Straße der Fahrzeugbeschleunigung exakt folgen kann, kann der klassische Ansatz diese Manöver nur sehr eingeschränkt wiedergeben. Der vorausschauende Ansatz erreicht dies ohne Verwendung der Tilt Coordination. Die in Kapitel 5.3.3 beschriebene Offsetkorrektur durch lineare Bewegungen ist somit ausreichend.

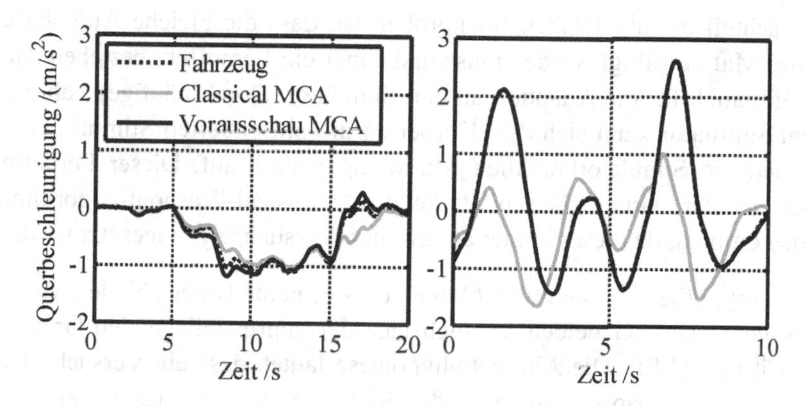

Abbildung 6.9: Kurvenfahrt bei 100 km/h (links) und Spurwechselmanöver (rechts) [116]

6.3.2 Subjektive Kriterien

Wie in Kapitel 6.1.4 erläutert, werden die Probanden mit dem SSQ zu ihrem Wohlbefinden nach den Simulatorfahrten befragt. Die einzelnen Symptome werden wie in [124] beschrieben gewichtet, um Punktzahlen für die drei Kategorien Nausea, Okulomotorik und Desorientierung sowie den Summenwert zu berechnen.

Die Ergebnisse sind nur dann aussagekräftig, wenn mittels eines statistischen Tests ein ausreichend kleines Signifikanzniveau α nachgewiesen werden kann, dass die durch Befragung erhobenen Daten nicht zufällig sind und Rückschlüsse auf die Grundgesamtheit zulassen. Da, wie in Kapitel 6.1.1, von einer Normalverteilung ausgegangen werden kann, kann zu diesem Zweck der t-Test angewandt werden [138].

Es werden zwei Befragungen der gleichen Personen vorgenommen, wodurch sich eine paarweise Zuordnung von Antworten ergibt. Daher wird der t-Test zum Vergleich zweier Stichprobenmittelwerte für abhängige Stichproben verwendet [139]. Dieser überprüft, ob eine signifikante Differenz zwischen den beiden Werten besteht.

Ein Nachteil bei abhängigen Stichproben ist, dass die gleiche Aufgabe ein zweites Mal bewältigt werden muss und daher ein Lerneffekt bestehen kann. Dies gilt auch für die Adaption an den Simulator. Durch häufiges Fahren in einem Simulator kann sich der Körper an die präsentierten Stimuli gewöhnen, und die Simulatorkrankheit tritt weniger stark auf. Dieser Lerneffekt würde bei der durchgeführten Studie dem Classical-Washout-Algorithmus zugutekommen, da dieser immer am zweiten Versuchstag eingesetzt wird.

Die Nullhypothese für den t-Test lautet, dass es keine Unterschiede zwischen den Ergebnissen der beiden Versuchstage der zugrundeliegenden Grundgesamtheit gibt [140]. Die Alternativhypothese lautet, dass ein Versuchseffekt besteht, ohne a priori Festlegung der Richtung des Effektes (zweiseitiger Test).

Die Prüfgröße für die Differenz zwischen den beiden Versuchstagen berechnet sich zu

$$t_{Test} = \sqrt{N_{Prob.}} \frac{\bar{d}}{s_d} \qquad \text{Gl. 6.4}$$

mit der Anzahl der Versuchsteilnehmer $N_{Prob.}$, dem Mittelwert aus den Differenzen der Angaben $\bar{d}$ sowie der Standardabweichung der Differenzen s_d.

Mit Gl. 6.4 kann für die vier Kategorien eine Prüfgröße bestimmt werden. Zur Bestimmung des Signifikanzniveaus werden diese mit den kritischen Werten für $N_{Prob.} - 1 = 42$ Freiheitsgrade verglichen. Um ein Signifikanzniveau zu erreichen, muss der kritische Wert $t_{krit,42}(1-\alpha)$ überschritten werden. Diese können einer t-Verteilungstabelle für den zweiseitigen t-Test [141] entnommen werden:

- $t_{krit,42}(0{,}9) = 1{,}6824$
- $t_{krit,42}(0{,}95) = 2{,}018$
- $t_{krit,42}(0{,}99) = 2{,}6984$

Aufgrund der Prüfgrößen nach Gl. 6.4 können folgende Signifikanzniveaus erreicht werden:

- $t_{Nausea} = 3{,}025; \alpha_{Nausea} = 0{,}01$
- $t_{Okulomotorik} = 1{,}959; \alpha_{Okulomotorik} = 0{,}1$
- $t_{Desorientierung} = 1{,}793; \alpha_{Desorientierung} = 0{,}1$
- $t_{Gesamtwert} = 2{,}714; \alpha_{Gesamtwert} = 0{,}01$

Die höheren Niveaus für Okulomotorik und Desorientierung begründen sich durch deren stärkere Abhängigkeit von Symptomen, welche in geringerem Maße durch das Bewegungssystem beeinflusst werden können.

Die Ergebnisse der Auswertung des SSQ sind in Abbildung 6.10 dargestellt. In allen Kategorien liegen die Werte des vorausschauenden Ansatzes unter denen des klassischen Ansatzes. D. h., der vorausschauende Algorithmus verschlechtert das Befinden der Testpersonen trotz eines ggfs. vorhandenen Gewöhnungseffektes weniger stark.

Da Unterschiede in den Bewertungen zwischen den Versuchstagen vorliegen, kann für alle Kategorien die Nullhypothese mit den oben angegebenen Signifikanzniveaus abgelehnt werden. Die erhobenen Daten lassen Rückschlüsse auf die Grundgesamtheit zu.

Eine weitere Differenzierung der Ergebnisse in Geschlecht und Altersklassen befindet sich in Anhang.

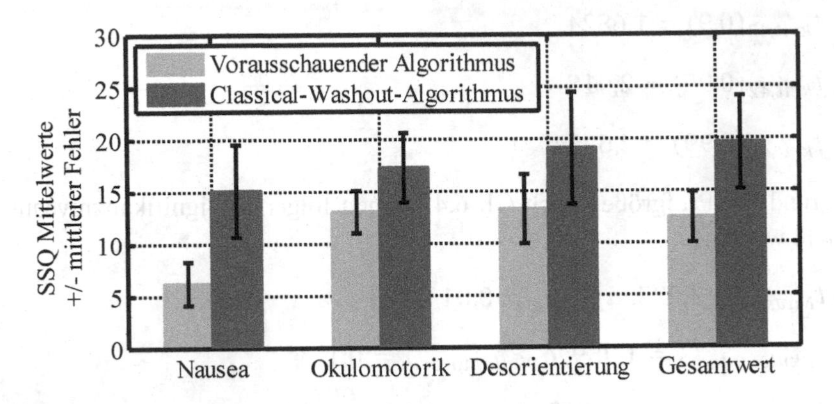

Abbildung 6.10: Ergebnisse der Auswertung des SSQ [116]

6.4 Bewertung der Analyse

Aus den Analysen der objektiven und subjektiven Kriterien aus den vorangegangenen Kapiteln lässt sich eine Bewertung des vorausschauenden Motion-Cueing-Algorithmus gegenüber dem klassischen Ansatz für eine Verwendung am Stuttgarter Fahrsimulator sowie für die Einsatzzwecke ableiten.

Der Vergleich der Längsdynamikdarstellung zeigt keine signifikanten Unterschiede zwischen den beiden Algorithmen. Lediglich bei der detaillierten Betrachtung einzelner, z. T. generischer Manöver werden Unterschiede deutlich. Durch die Vorpositionierung aufgrund zukünftiger Streckenmerkmale steht mehr linearer Arbeitsraum zur Verfügung. Dieser kann die Lücke zwischen linearen Beschleunigungen und durch Rotation simulierten Beschleunigungen jedoch nicht schließen. Eine Verbesserung der längsdynamischen Bewegungsdarstellung setzt eine Untersuchung der tatsächlich am Stuttgarter Fahrsimulator einzusetzenden Wahrnehmungsschwellen voraus. Aktuelle Studien (z. B. [142]) legen nahe, dass diese höher gewählt werden können, als bisher in der Literatur empfohlen. Diese Studien werden meist nur mit einem eingeschränkten Probandenkollektiv durchgeführt. Es zeigt sich jedoch die Tendenz, dass sich die Empfindlichkeit zwischen Personengruppen stark unterscheidet (siehe Abbildung A.3). Darüber hinaus haben alle Stimuli eines Simulators einen Einfluss auf die Bewegungswahrnehmung bzw. deren Empfindlichkeit. Daher lassen sich die Ergebnisse anderer Studien nicht uneingeschränkt auf einen universellen Einsatz mit einer demografisch verteilten Stichprobe am Stuttgarter Fahrsimulator übertragen. Mit der Kenntnis der exakten Wahrnehmungsschwellen ist zu erwarten, dass beide hier betrachteten Algorithmen weiter verbessert werden.

Da die längsdynamischen Bewegungen des Fahrzeuges vom Fahrer und dessen Fahrstil dominiert werden, könnte eine weitere Verbesserung durch die Implementierung eines komplexeren Wahrnehmungsmodells des Menschen erfolgen. Hierfür sind Ansätze und vielversprechende Ergebnisse bekannt [134]. Die Basis sind jedoch auch hier dem System entsprechende Schwellwerte. Ein solcher Algorithmus kann durch die vorausschaubasierte Vorpositionierung sinnvoll ergänzt werden.

Die Analyse der Querdynamiksimulation zeigt eine Überlegenheit des vorausschauenden Algorithmus in praktisch allen betrachteten Bereichen. Dies ist hauptsächlich durch die geringere Abhängigkeit vom Fahrstil und durch einen stärkeren Einfluss des Streckenlayouts, welches durch den Algorithmus verarbeitet wird, begründet.

Der Algorithmus kann die Vorteile des spurbasierten Ansatzes auf ein breites Spektrum an Fahrsituationen übertragen. Mit der Vorpositionierung sind einerseits Kurven mit einer höheren Änderung der Krümmung als durch die Wahrnehmungsschwellen vorgegeben, möglich. Andererseits können dreispurige Streckenanteile unter Beachtung der Spurbreite und bei entsprechender Skalierung verwendet werden.

Die Verwendung der Tilt Coordination kann dabei auf ein Mindestmaß reduziert werden. Sie wird ausschließlich für die Darstellung der stationären Beschleunigungsanteile der befahrenen Strecke verwendet. Die gleichbleibend hohe Darstellungsgüte (vgl. Abbildung 6.4 und Abbildung 6.5) impliziert eine bessere Ausnutzung des linearen Bewegungsraumes, was wiederum den hauptsächlich linearen Bewegungen des Fahrzeuges entspricht. Durch die exaktere Darstellung der Fahrzeugbewegungen werden auch Bewertungen der Fahrdynamik oder Aerodynamik möglich. In Verbindung mit der verbesserten Darstellung des Gierens auf geraden Strecken wird dies besonders deutlich.

Der Classical-Washout-Algorithmus kann bei einer entsprechenden Streckengestaltung ebenfalls sehr gut Querbeschleunigungen reproduzieren. Dabei ist der benötigte Aufwand für Implementierung und Parametrierung deutlich geringer als bei dem hier vorgestellten Ansatz. Ein Indiz für seine gute Bewegungssimulation ist seine bis heute weit verbreitete Anwendung in verschiedenen Branchen.

Die Auswertung des SSQ zeigt jedoch, dass der klassische Algorithmus das Befinden der Probanden stärker negativ beeinflusst als der vorausschauende Ansatz. Somit steigt die Gefahr, dass die Fahrer durch das Gefühl des Unwohlseins von Ihrer Fahraufgabe abgelenkt werden und die Qualität der Bewertungen sinkt. Da der vorausschauende Ansatz hier deutlich geringere Punktwerte zeigt, kann bei dessen Verwendung diese Gefahr minimiert und homogenere Ergebnisse erreicht werden.

Durch die Vorausschaueinheit ist der Algorithmus in der Lage, verschiedene Streckenabschnitte zu erkennen und anhand der in Kapitel 5.4 vorgestellten Situationen zu behandeln. Da dies während der Laufzeit geschieht, kann der Algorithmus mit praktisch jeder Strecke kombiniert werden. Die geringe Beeinträchtigung des menschlichen Wohlbefindens prädestiniert ihn für einen Einsatz in Probandenstudien.

In Kapitel 3 werden zwei Anwendungsgebiete für Fahrsimulatoren hergeleitet. Der vorausschauende Algorithmus ist in der Lage, sowohl für Zwecke der Fahrzeugbewertung als auch im Kontext der Interaktion mit dem Fahrzeug verwendet zu werden. Es können Manöver auf dem Niveau des normalen Fahrens genauso reproduziert werden wie dynamischere Manöver. Durch die Kombination des Algorithmus mit den Komponenten zur Optimierung der Systemdynamik und Simulatorsteuerung gelingt es, ein großes Spektrum an Anforderungen zu erfüllen und die Bedienung und Applikation des Algorithmus für ein Szenario zu vereinfachen.

7 Zusammenfassung und Ausblick

Ein durchgehender Entwicklungsprozess von virtuellen Komponenten, über Fahrzeugmodelle und frühzeitige Tests von Steuergeräten bis hin zum realen Endprodukt führt zu einer steigenden Nutzung von Fahrsimulatoren. Diese ermöglichen eine frühe Interaktion mit dem Fahrer und die virtuelle Validierung von zukünftigen Fahrzeugkomponenten und -konzepten. Unabhängig von der Anwendung ist eine möglichst gute Bewegungsdarstellung wichtig, um einen realistischen Fahreindruck zu erzeugen.

Die vorliegende Arbeit verfolgt das Ziel, die Bewegungsdarstellung am Stuttgarter Fahrsimulator durch die Auswertung aktueller und zukünftiger Umgebungsinformationen zu optimieren. Dabei soll der Motion-Cueing-Algorithmus universell einsetzbar, robust gegenüber verschiedenen Fahrsituationen sowie einfach an Fahrsimulatorexperimente anpassbar sein.

Es wird ein prädiktiver Motion-Cueing-Algorithmus vorgestellt, der während der Laufzeit auf verschiedene Umgebungsdaten sowie auf die vom Fahrzeugmodell berechneten Größen zugreift und daraus bevorstehende Fahrsituationen ableitet. Diese dienen als Basis für die Parametrierung der Algorithmen zur Ansteuerung des Bewegungssystems. Sie werden für die Verwendung mit der Vorausschau ausgelegt.

Anhand der Anwendungen eines Fahrsimulators werden Kriterien und Anforderungen abgeleitet, die der Algorithmus erfüllen muss und anhand derer er bewertet werden kann. Es werden sowohl Anwendungen mit einem hohen Dynamikumfang, wie bspw. fahrdynamische Untersuchungen, als auch Fragestellungen betrachtet, die auf die Interaktion zwischen Fahrer und Fahrzeug fokussieren. Dazu wird neben dem Motion-Cueing-Algorithmus selbst auch das Übertragungsverhalten des Bewegungssystems analysiert und bewertet.

Nach der Vorstellung des Algorithmus und seiner Komponenten werden zwei Anwendungsfälle, ein Manöver mit höherer Dynamik sowie eine Assistenzfunktion zur Unterstützung des Fahrers bei der Fahrzeuglängsführung, beschrieben und eine repräsentative Simulatorstudie durchgeführt. Diese dient zur Analyse der Potenziale des vorgestellten Ansatzes. Als Referenzalgorithmus wird der verbreitete Classical-Washout-Algorithmus verwendet. Die Auswertung erfolgt anhand objektiver Kriterien, der gezielten Betrachtung einzelner Manöver sowie durch Befragung der Fahrer.

Durch die optimierte Nutzung des Bewegungsraumes stellt der vorausschauende Algorithmus mehr Beschleunigungsanteile linear dar als der Vergleichsalgorithmus. Dies fördert den Fahreindruck, da Fahrzeugbewegungen naturgemäß eine lineare Form aufweisen. Außerdem nutzt der Algorithmus die volle Dynamik der Anlage und kann auch Manöver mit einer hohen Dynamik gut abbilden. Der Classical-Washout-Algorithmus kommt hier an seine Grenzen. Für sämtliche betrachteten Manöver ist der vorausschauende Algorithmus überlegen, da das laterale Fahrzeugverhalten verhältnismäßig stark von der Streckenbeschaffenheit abhängt und weniger durch den Fahrstil beeinflusst wird.

Die Längsdynamik eines Fahrzeuges wird dagegen vom Fahrstil dominiert. Durch die konservative Wahl der Wahrnehmungsschwellen bei der Verwendung der Tilt Coordination können hier kaum Unterschiede festgestellt werden. Lediglich bei der Betrachtung einzelner Manöver kann der vorausschauende Algorithmus Verbesserungen erzielen. Es ist zu erwarten, dass eine umfangreiche Untersuchung der Wahrnehmungsschwellen in Verbindung mit dem betrachteten System weitere Verbesserungen erzielt.

Durch eine direkte oder, im Falle der Gierbewegung, auf die Streckenorientierung bezogene Darstellung der rotatorischen Fahrzeugbewegungen wird eine exakte Reproduktion dieser Bewegungen erzielt. Da diese für die Bewertung des Fahrzeugverhaltens wichtig sind, findet auch hier eine Optimierung statt.

Signifikante Unterschiede zeigen sich bei der Auswertung der subjektiven Rückmeldungen der Testpersonen. Diese subjektiven Rückmeldungen beruhen auf den Antworten der Testpersonen auf den SSQ. Dabei zeigt sich ein deutlich geringeres Auftreten von Symptomen der Simulatorkrankheit bei der Verwendung des vorausschauenden Ansatzes. Die Probanden werden durch das Simulatorexperiment wenig belastet, und ihr Verhalten und ihre Urteilsfähigkeit werden nicht beeinflusst. Der Algorithmus eignet sich daher für Untersuchungen der Interaktion von Testpersonen mit dem Fahrzeug oder einer Assistenzfunktion. Dabei können auch Systeme zur teilweisen oder vollständigen Automatisierung der Fahrzeugführung in Betracht gezogen werden [116].

Da der Algorithmus sämtliche Informationen während der Laufzeit auswertet und auf alle Fahrsituationen und kritischen Zustände reagiert, kann dieser universell eingesetzt werden. Es kann nachgewiesen werden, dass sowohl Fahrsituationen mit hoher Dynamik als auch gewöhnliche Manöver gut reproduziert werden.

Für weitere Optimierungen kann der Algorithmus als Grundlage dienen, um Erweiterungen vorzunehmen oder um mit anderen Algorithmen kombiniert zu werden. Aktuelle Untersuchungen zeigen, dass Algorithmen, die die menschliche Wahrnehmung stärker in ihre Berechnungen einbeziehen, gute Ergebnisse erzielen. Somit ist zu erwarten, dass entsprechende Erweiterungen des vorausschauenden Algorithmus die Bewegungsdarstellung weiter verbessern.

Durch den steigenden Automatisierungsgrad der Fahrzeugführung werden auch die Simulatorexperimente mit teilweise oder vollständig automatisierten Fahrzeugen zunehmen. Dadurch wird das Verhalten des Fahrzeuges deutlich besser vorhersagbar. Der Einfluss des Fahrstils und somit des Fahrers sinkt. Durch die Analyse der vorausliegenden Strecke ist der Algorithmus gerade für Untersuchungen dieser Art prädestiniert.

Literaturverzeichnis

[1] Braess H.-H. (Hrsg.), Seiffert U. (Hrsg.): *Vieweg Handbuch Kraftfahrzeugtechnik*; 6; Vieweg und Teubner Verlag; 2011; 978-3-8348-1011-3

[2] Meywerk M.: *CAE-Methoden in der Fahrzeugtechnik*; Springer-Verlag; 2007; 978-3-540-49866-7

[3] Balzert H.: *Lehrbuch der Softwaretechnik: Basiskonzepte und Requirements Engineering*; Spektrum Akademischer Verlag; 2009; 978-3-8274-1705-3

[4] Drosdol J., Kading W., Panik F.: *The Daimler-Benz Driving Simulator*; 14; In: Vehicle System Dynamics: International Journal of Vehicle Mechanics and Mobility 1-3, 86-90; Taylor & Francis; 1985

[5] Greenberg J., Park T.: *The Ford Driving Simulator*; In: SAE Technical Paper 940176; 1994

[6] Toyota Motor Corporation: *Toyota Develops World-class Driving Simulator*; Website; http://www.toyota.co.jp/en/news/07/1126_1.html; Stand vom: 27.01.2016, 10:38 Uhr

[7] Swedish National Road and Transport Research Institute: *VTI's simulator facilities*; Website; https://www.vti.se/en/research-areas/vehicle-technology/vtis-driving-simulators/; Stand vom: 27.01.2016, 10:44 Uhr

[8] Heydinger G. J., Salaani M. K., Garrott W. R., Grygier P. A.: *Vehicle dynamics modelling for the national advanced driving simulator*; 216; In: Proceedings of the institution of mechanical engineers, part D: journal of automobile engineering 4; 2002

[9] Baumann G., Riemer T., Liedecke C., Rumbolz P., Schmidt A., Piegsa A.: *The New Driving Simulator of Stuttgart University*; In: 12th Stuttgart International Symposium, Stuttgart; 2012

[10] Nooij S., Pretto P., Bülthoff H. H.: *Sensitivity to lateral force is affected by concurrent yaw rotation during curve driving*; In: Proceedings of Driving Simulation Conference 2015, Tübingen; 2015

[11] Pretto P., Nesti A., Nooij S., Losert M., Bülthoff H. H.: *Variable Roll-Rate Perception in Driving Simulation*; In: Proceedings of the Driving Simulation Conference, Paris; 2014

[12] Bertollini G., Glase Y., Szczerba J., Wagner R.: *The Effect of Motion Cueing on Simulator Comfort, Perceived Realism, and Driver Performance during Low Speed Turning*; In: Proceedings of the Driving Simulator Conference, Paris; 2014

[13] Kemeny A.: *Driving simulation for virtual testing and perception studies*; In: Proceedings of DSC Europe Conference, Monte-Carlo; 2009

[14] Pretto P., Bresciani J.-P., Rainer G., Bülthoff H. H.: *Foggy perception slows us down*; In: Elife 1; eLife Sciences Publications Limited; 2012

[15] Colditz J., Dragon L., Faul R., Meljnikov D., Schill V., Unselt T., Zeeb E.: *Use of Driving Simulators within Car Development*; In: Conference Proceedings Driving Simulation Conference North America, Iowa; 2007

[16] Fischer M., Sehammar H., Aust M. L., Nilsson M., Lazic N., Weiefors H.: *Advanced driving simulators as a tool in early development phases of new active safety functions*; In: Advances in Transportation Studies an International Journal; 2011

[17] Rumbolz P., Pitz J., Schmidt A., Reuss H.-C.: *Analyse der Potentiale zur Energieverbrauchsreduzierung von vorrausschauenden Verzögerungsassistenzfunktionen für repräsentative Fahrer und Strecken*; In: Elektrik/Elektronik in Hybrid- und Elektrofahrzeugen und elektrisches Energiemanagement, München; 2012

[18] Boer E.: *The Role of Driving Simulators in Developing and Evaluating Autonomous Vehicles*; In: Proceedings of the Driving Simulation Conference Europe, Tübingen; 2016

[19] Freuer A., Grimm M., Reuss H.-C.: *Automatic cruise control for electric vehicles - Statistical consumption and driver acceptance analysis in a representative test person study on public roads*; In: 14. Internationales Stuttgarter Symposium, Stuttgart; 2014

[20] Freuer A.: *Ein Assistenzsystem für die energetisch optimierte Längsführung eines Elektrofahrzeugs*; Dissertation; Springer Verlag; 2016

[21] Becker G.: *Ein Fahrerassistenzsystem zur Vergrößerung der Reichweite von Elektrofahrzeugen*; Dissertation; Springer Verlag; 2016

[22] Krützfeldt M. S.: *Verfahren zur Analyse und zum Test von Fahrzeugdiagnosesystemen im Feld*; Dissertation; Springer Verlag; 2014

[23] Spillner A., Linz T.: *Basiswissen Softwaretest*; 5; dpunkt.verlag GmbH; 2012

[24] Allerton D.: *Principles of flight simulation*; John Wiley & Sons; 2009

[25] Biermann K., Cielewicz E.: *Geburtsort der militärischen Luftfahrt in Deutschland*; Ch. Links Verlag; 2005

[26] Roberson Museum and Science Center: *The Link Flight Trainer, A Historic Mechanical Engineering Landmark*; ASME International, Binghamton, New York; 2000

[27] Lufthansa: *Trainingsgeräte*; Website; https://www.lufthansa-flight-training.com/training-devices; Stand vom: 02.06.2015, 14:02 Uhr

[28] Campbell M. R., Garbino A.: *History of suborbital spaceflight: medical and performance issues*; 82; In: Aviation, space, and environmental medicine 4, 469-474; Aerospace Medical Association; 2011

[29] Kongsberg: *First 360° full motion ship's bridge simulator to Asia*; Website; http://www.km.kongsberg.com/ks/web/nokbg0238.nsf/All Web/EEC90CB56B0EAF58C12575A6002FB01D? OpenDocum ent; Stand vom: 02.06.2015, 13:57 Uhr

[30] Dobbeck R., Lincke W.: *Der VW-Fahrsimulator*; 76; In: ATZ - Automobiltechnische Zeitschrift 2, 37-41; Springer Automotive Media; 1974

[31] Nordmark S., Jansson H., Listrom M., Palmkvist G.: *A moving base driving simulator with wide angle visual system*; In: Simulation and instrumentation for the 80s; Transportation Research Board; SAE Technical Paper, Washington D.C.; 1985

[32] Mohajer N., Abdi H., Nelson K., Nahavandi S.: *Vehicle motion simulators, a key step towards road vehicle dynamics improvement*; In: Vehicle System Dynamics: International Journal of Vehicle Mechanics and Mobility, 1-23; Taylor & Francis; 2015

[33] Cruden B.V.: *Customer Projects*; Website; http://www.cruden.com/automotive/customer-projects4/; Stand vom: 02.06.2015, 15:51 Uhr

[34] Weir D. H., Clark A. J.: *A Survey of Mid-Level Driving Simulators*; SAE Technical Paper; 1995

[35] Neugebauer R.: *Parallelkinematische Maschinen: Entwurf, Konstruktion, Anwendung*; Springer-Verlag; 2006; 978-3540209911

[36] BMW Group: *Fahrerassistenzsysteme, BMW Group Innovationstag 2006*; Website; https://www.press.bmwgroup.com/ deutschland/photoCompilationDetail.html? title=bmw-group-innovationstag-2006-fahrerassistenzsysteme&docNo=T0002709 DE; Stand vom: 05.06.2015, 11:25 Uhr

[37] Deutsches Zentrum für Luft- und Raumfahrt e.V., DLR: *Dynamischer Fahrsimulator*; Website; http://www.dlr.de/fs/desktopdefault.aspx/tabid-1236/1690_read-3257/; Stand vom: 24.06.2015, 09:41 Uhr

[38] Deutsches Zentrum für Luft- und Raumfahrt e.V., DLR: *Virtuelle Reise im Fahrsimulator*; Website; http://www.dlr.de/desktop default. aspx/ tabid-1278/1749_read-1899/1749_page-3/gallery-1/51_read-1/; Stand vom: 05.06.2015, 11:26 Uhr

[39] Cruden B.V.: *Motorsport Simulators*; Website; http://www.cruden.com/motorsport/our-products/simulators/; Stand vom: 05.06.2015, 11:29

[40] Zeeb E.: *Daimler's new full-scale, high-dynamic driving simulator - A technical overview*; In: Driving Simulator Conference Europe, 157-165, Paris; 2010

[41] Daimler AG: *Entwicklungsarbeit*; Website; https://www.mercedes-benz.com/wp-content/uploads/sites/ 2/ 2014/ 09/ INNOVATION _Entwicklungsarbeit_04_Galerie_05.jpg; Stand vom: 05.06.2015, 13:27 Uhr

[42] MTS: *Toyota Motor Corporation*; Website; https://www.mts.com/ucm/groups/public/documents/library/dev_004365.pdf; Stand vom: 05.06.2015, 12:58 Uhr

[43] Bruschetta M., Maran F., Beghi A., Minen D.: *An MPC approach to the design of motion cueing algorithms for a high performance 9 DOFs driving simulator*; In: Proceedings of the Driving Simulation Conference, 12.1-12.7, Paris; 2014

[44] Max-Planck-Gesellschaft zur Förderung der Wissenschaften e.V.: *Der MPI-CyberMotion-Simulator*; Website; http:// www. cyberneum.de/de/labore-forschung/cmslab.html; Stand vom: 05.06.2015, 13:57 Uhr

[45] Feenstra P. J., Wentink M., Roza Z. C., Bles W.: *Desdemona, an alternative moving base design for driving simulation*; In: Proceedings of the North America-Simulation Driving Conference, Iowa City; 2007

[46] Clark A. J., Sparks H. V., Carmein J. A.: *Unique Features and Capabilities of the NADS Motion System*; In: Proceedings of the 17th International Technical Conference on the Enhanced Safety of Vehicles, Amsterdam; 2001

[47] Baumann G., Rumbolz P., Pitz J., Reuss H.-C.: *Virtuelle Fahrversuche im neuen Stuttgarter Fahrsimulator*; 5. IAV-Tagung: Simulation und Test für die Automobilelektronik, Berlin; 2012

[48] Liedecke C., Baumann G., Reuss H.-C.: *Untersuchung zur Anwendung haptischer Signale am Fahrerfuß für Aufgaben der Fahrzeugsteuerung*; 6. Wissenschaftsforum „Mobilität“, Universität Duisburg-Essen; 2014

[49] Baumann G., Riemer T., Liedecke C., Rumbolz P., Schmidt A.: *How to build Europe's largest eight-axes motion simulator*; In: Proceedings of the Driving Simulation Conference, Paris; 2012

[50] VIRES Simulationstechnologie GmbH: *OpenDRIVE / OpenCRG Product Data Sheet*; Website; http://www.opendrive.org/ docs/ VIRES_ODR_ OCRG.pdf; Stand vom: 15.06.2015, 14:10 Uhr

[51] Bosch Rexroth B.V.: *8 DOF Motion System - System Description*; 2010

[52] Krantz W.: *An Advanced Approach for Predicting and Assessing the Driver's Response to Natural Crosswind*; Dissertation; 2011

[53] Schramm D., Hiller M., Bardini R.: *Modellbildung und Simulation der Dynamik von Kraftfahrzeugen*; Springer; 2010; 978-3-540-89313-4

[54] IPG Automotive GmbH: *CarMaker - Offene Integrations- und Testplattform*; Website; http://ipg.de/de/ simulationsolutions/ carm aker/; Stand vom: 15.06.2015, 16:36 Uhr

[55] TESIS DYNAware GmbH: *veDYNA: Echtzeit-Simulation der Fahrdynamik*; Website; http://www.tesis-dynaware.com/produkte/ vedyna/uebersicht.html; Stand vom: 15.06.2015, 16:38 Uhr

[56] The MathWorks, Inc.: *Simulink Real-Time*; Website; http://de. mathworks.com/products/simulink-real-time/;
Stand vom: 15.06.2015, 16:39 Uhr

[57] IPG Automotive GmbH: *Xpack4 Platform*; http://ipg.de/testsyst ems/xpack41/xpack4-platform-2/;
Stand vom: 15.06.2015, 16:45 Uhr

[58] dSPACE digital signal processing and control engineering GmbH: *dSpace*; Website; https://www.dspace.com/de/gmb/home.cfm; Stand vom: 15.06.2015, 16:46 Uhr

[59] The MathWorks, Inc.: *Simulink Real-Time Documentation*; Website; https://de.mathworks.com/help/xpc/; Stand vom: 25.10.2016, 18:54 Uhr

[60] Menche N. (Hrsg.): *Biologie Anatomie Physiologie*; 5; Elsevier, Urban & Fischer Verlag; 2003

[61] Schmidt R. F., Schaible H.-G.: *Neuro- und Sinnesphysiologie*; 5; Springer Medizin Verlag; 2006; 3-540-25700-4

[62] Clauss W., Clauss C.: *Humanbiologie kompakt*; Spektrum Akademischer Verlag Heidelberg; 2009; 978-3-8274-1899-9

[63] Fischer M.: *Motion-Cueing-Algorithmen für eine realitätsnahe Bewegungssimulation*; Dissertation; In: Berichte aus dem DLR-Institut für Verkehrssystemtechnik 5; Deutsches Zentrum für Luft- und Raumfahrt in der Helmholz-Gemeinschaft, DLR, Braunschweig; 2009

[64] *Pschyrembel, Klinisches Wörterbuch*; 260; Walter de Gruyter; 2004; 3-11-017621-1

[65] Reason J. T.: *Motion sickness - some theoretical considerations*; 1; In: International Journal of Man-Machine Studies 1, 21-38; Elsevier; 1969

[66] Hoffmann S., Krüger H.-P., Buld S.: *Vermeidung von Simulator Sickness anhand eines Trainings zur Gewöhnung an die Fahrsimulation*; 1745; In: VDI-Berichte: Simulation und Simulatoren - Mobilitat virtuell gestalten, 385-404, Hamburg; 2003

[67] Abels H.: *Seekrankheit und Gleichgewichtssinn*; 5; In: Klinische Wochenschrift 12, 489-493, Wien; 1926

[68] Groen E. L., Bles W.: *How to use body tilt for the simulation of linear self*; 14; In: Journal of Vestibular Research 5, 375–385; 2004

[69] Nesti A., Masone C., Barnett-Cowan M., Robuffo Giordano P., Bülthoff H. H., Pretto P.: *Roll rate thresholds and perceived realism in driving simulation*; In: Proceedings of the Driving Simulation Conference, Paris; 2012

[70] Wertheim A. H., Mesland B. S. M., Bles W.: *Cognitive suppression of tilt sensation during linear horizontal self-motion in the dark*; In: Perception 30, 733-741; 2001

[71] Baarspul M.: *Flight simulation techniques with emphasis on the generation of high fidelity 6 DOF motion cues*; 15th Congress of the International Council of the Aeronautical Sciences, London; 1986

[72] Grant P. R., Reid L. D.: *Motion Washout Filter Tuning: Rules and Requirements*; 34; In: Journal of Aircraft 2, 145-151; 1997

[73] Isermann R.: *Identifikation dynamischer Systeme 1*; 2. Auflage; Springer-Verlag; 1992; 978-3-642-84680-9

[74] Lunze J.: *Regelungstechnik 1*; 9. Auflage; Springer-Verlag; 2013; 978-3-642-29532-4

[75] Föllinger O.: *Laplace-, Fourier- und z-Transformation*; 8; Hüthig Verlag; 2003; 978-3778529119

[76] Fliege N.: *Systemtheorie*; Teubner; 1991; 978-3-663-05933-2

[77] Tietze U., Schenk C.: *Halbleiter-Schaltungstechnik*; Springer-Verlag; 1969; 978-3-662-00085-4

[78] *DIN ISO 8855:2013-11, Straßenfahrzeuge - Fahrzeugdynamik und Fahrverhalten - Begriffe (ISO 8855:2011)*

[79] DIN e.V.: *Rund ums Automobil*; Website; http://www.din.de/cmd%3Fmenuid%3D47392%26menusubrubid%3D84335%26cmsareaid%3D47392%26menurubricid%3 D47536%26level%3Dtpl-unterrubrik%26cmsrubid%3D47536%26cmssubrubid%3D84335%26languageid%3Dde; Stand vom: 13.08.2015, 10:07 Uhr

[80] SAE International: *Vehicle Dynamics Terminology*; Website; http://standards.sae.org/j670_200801/; Stand vom: 13.08.2015, 10:32 Uhr

[81] Bronstein I. N., Semendjajew K. A., Musiol G., Mühlig H.: *Taschenbuch der Mathematik*; Verlag Harri Deutsch; 2005; 3-8171-2006-0

[82] Schmidt S. F., Conrad B., NASA (Hrsg.): *Motion drive signals for piloted flight simulators*; In: NASA Contract Report, NASA-CR-1601; 1970

[83] Reid L. D., Nahon M. A.: *Flight Simulation Motion-Base Drive Algorithms: Part 1 - Developing and Testing the Equations*; In: UTIAS Report No. 296, Toronto; 1985

[84] Gross D., Hauger W., Schröder J., Wall A.: *Technische Mechanik 3*; 9; Springer; 2006; 3-540-34084-X

[85] Isermann R.: *Mechatronische Systeme*; 2. Auflage; Springer-Verlag; 2008; 978-3-540-32336-5

[86] Jamson A. H.: *An optimisation of Classical motion cueing in the University of Leeds Driving Simulator*; In: Proceedings of the driving simulation conference Europe, 183-204, Paris; 2012

[87] Reid L. D., Nahon M. A.: *Flight Simulation Motion-Base Drive Algorithms: Part 2 - Selecting the System Parameters*; In: UTIAS Report No. 296, Toronto; 1985

[88] Jamson, A. H. J.: *Motion Cueing in Driving Simulators for Research Applications*; Dissertation; The University of Leeds Institute for Transport Studies, Leeds; 2010

[89] Sivan R., Ish-Shalom J., Huang J.-K.: *An optimal control approach to the design of moving flight simulators*; 12; In: IEEE Transactions on Systems, Man and Cybernetics 6, 818-827; 1982

[90] Parrish R. V., Dieudonne J. E., Bowles R. L., Martin D. J. Jr.: *Coordinated Adaptive Washout for Motion Simulators*; 12; In: Journal of Aircraft 1, 44-50; 1975

[91] Grant P., Naseri A.: *Actuator State Based Adaptive Motion Drive Algorithm*; In: DSC North America, Orlando, Florida; 2005

[92] Nahon M. A., Reid L. D.: *Simulator Motion-Drive Algorithms: A Designer's Perspective*; 13; In: Journal of Guidance, Control and Dynamics 2, 356–362; 1990

[93] Reymond G., Kemeny A.: *Motion Cueing in the Renault Driving Simulator*; 34; In: Vehicle System Dynamics, 249–259; 2000

[94] Wentink M., Bles W., Hosman R., Mayrhofer M.: *Design & evaluation of spherical washout algorithm for Desdemona simulator*; In: AIAA Modeling and Simulation Technologies Conference and Exhibit, San Francisco, California; 2005

[95] Krantz W., Pitz J., Stoll D., Nguyen M.-T.: *Simulation des Fahrens unter instationärem Seitenwind*; 116; In: Automobiltechnische Zeitschrift 2; Springer Verlag; 2014

[96] *ISO 4138:2012-06, Passenger cars - Steady-state circular driving behavior - Open-loop test methods*

[97] *DIN ISO 7401:1989-04, Straßenfahrzeuge; Testverfahren für querdynamisches Übertragungsverhalten (ISO 7401:1988)*

[98] *ISO 3888:(1999-10-00), Personenkraftwagen - Prüfgasse für den Spurwechseltest - Teil 1: Doppelter Fahrspurwechsel*

[99] *DIN ISO 7975 (1987-01-00), Straßenfahrzeuge; Bremsen in der Kurve; Testverfahren im offenen Regelkreis (ISO 7975:1985)*

[100] iMAR Navigation GmbH: *Datenblatt iDIS-FMS*; 2006

[101] Blundell M., Harty D.: *The multibody systems approach to vehicle dynamics*; Elsevier Butterworth-Heinemann; 2004; 0750651121

[102] Isermann R.: *Digitale Regelsysteme*; Springer-Verlag; 1977

[103] van der Borch P., Hoffmeyer F., Thalen B.: *Performance optimization of a hexapod on a lateral rail with force feed forward compensation*; In: Driving Simulation Conference Europe, Paris; 2012

[104] The MathWorks, Inc.: *System Identification Toolbox Documentation*; Website; https://de.mathworks.com/help/ident/index.html; Stand vom: 25.10.2016, 19:17 Uhr

[105] Heißing B. (Hrsg.), Ersoy M. (Hrsg.), Gies S. (Hrsg.): *Fahrwerkhandbuch*; 4; Springer Vieweg, 2013; 978-3-658-01991-4

[106] Pitz J., Nguyen M.-T., Baumann G., Reuss H.-C.: *Combined Motion of a Hexapod with a XY-Table System for Lateral Movements*; In: Proceedings of the Driving Simulation Conference, Paris; 2014

[107] Bleicher F.: *Parallelkinematische Werkzeugmaschinen*; Neuer Wissenschaftlicher Verlag, Wien; 2003; 3-7083-0118-8

[108] Stoer J.: *Einführung in die numerische Mathematik I*; Springer-Verlag; 1979; 978-3-540-09346-6

[109] Scheckenbach P.: *Modellierung der Kinematik eines Hexapoden*; Bachelorarbeit; Institut für Verbrennungsmotoren und Kraftfahrwesen, Universität Stuttgart, Stuttgart; 2013

[110] Fischer M., Sehammer H., Palmkvist G.: *Motion cueing for 3-, 6- and 8-degrees-of-freedom motion systems*; In: Driving Simulator Conference Europe, 121-134, Paris; 2010

[111] Grant P., Blommer M., Cathey L., Artz B., Greenberg J.: *Analyzing classes of motion drive algorithms based on paired comparison techniques*; In: DSC North America, Dearborn (Michigan); 2003

[112] Chapron T., Colinot J.-P.: *The new PSA Peugeot-Citroën Advanced Driving Simulator Overall design and motion cue algorithm*; In: DSC North America, Iowa City; 2007

[113] Garrett, N. JI; Best, M. C.: *Evaluation of a new body-sideslip-based driving simulator motion cueing algorithm*; In: Proceedings of the Institution of Mechanical Engineers, Part D: Journal of automobile engineering, Loughborough, UK; 2012

[114] Stawarz D.: *Motion Cueing für hochdynamische Fahrzeugsimulationen*; Masterarbeit; Institut für Verbrennungsmotoren und Kraftfahrwesen, Universität Stuttgart, Stuttgart; 2015

[115] VIRES Simulationstechnologie GmbH: *OpenDRIVE - Format Specification, Rev. 1.4*; 2015

[116] Pitz J., Rothermel T., Kehrer M., Reuss H.-C.: *Predictive Motion Cueing Algorithm for Development of Interactive Assistance Systems*; In: 16. Internationales Stuttgarter Symposium, Stuttgart; 2016

[117] Winner H., Hakuli S., Wolf G.: *Handbuch Fahrerassistenzsysteme*; 5; Vieweg und Teubner Verlag, Wiesbaden; 2009; 978-3-8348-0287-3

[118] Lorenz T., Jaschke K.: *Motion Cueing Algorithm Online Parameter Switching in a Blink of an Eye – A Time-Variant Approach*; In: Driving Simulator Conference Europe, 145 - 154, Paris; 2010

[119] Zeitz M.: *Flache Systeme*; Vorlesungsskript; Institut für Systemdynamik, Universität Stuttgart; 2008

[120] Graichen K.: *Systemtheorie*; Vorlesungsskript; Institut für Mess-, Regel- und Mikrotechnik, Universität Ulm; 2012

[121] Allgöwer F.: *Regelungstechnik I*; Vorlesungsskript; Institut für Systemtheorie und Regelungstechnik, Universität Stuttgart; 2007

[122] Becker G., Reuss H.-C.: *Efficient Cruise Control – A measure for electric vehicle range increase*; In: 13th Stuttgart International Symposium, Stuttgart; 2013

[123] Fortmüller T., Meywerk M.: *The influence of yaw movements on the rating of the subjective impression of driving*; In: Proceedings of DSC 2005 North America, Orlando, Florida; 2005

[124] Kennedy R. S., Lane N. E., Berbaum K. S., Lilienthal M. G.: *Simulator Sickness Questionnaire: An Enhanced Method for Quantifying Simulator Sickness*; 3; In: The International Journal of Aviation Psychology 3, 203-220; Taylor & Francis; 1993

[125] Statistische Ämter des Bundes und der Länder (Hrsg.): *Zensus 2011 - Methoden und Verfahren*; Statistisches Bundesamt, Wiesbaden; 2015

[126] Rumbolz P.: *Untersuchung der Fahrereinflüsse auf den Energieverbrauch und die Potentiale von verbrauchsreduzierenden Verzögerungsassistenzfunktionen beim PKW*; In: Schriftenreihe des Instituts für Verbrennungsmotoren und Kraftfahrwesen der Universität Stuttgart 71; expert-verlag, Stuttgart; 2013; 978-3-8169-3228

[127] Mossig I.: *Stichproben, Stichprobenauswahlverfahren und Berechnung des minimal erforderlichen Stichprobenumfangs*; In: Beiträge zur Wirtschaftsgeographie und Regionalentwicklung 1-2012, Bremen; 2012

[128] Statistisches Bundesamt (Hrsg.): *Statistisches Jahrbuch - Deutschland und Internationales*, Wiesbaden; 2015; 978-3-8246-1037-2

[129] Rothermel T., Pitz J., Baumann G., Reuss H.-C.: *Untersuchung einer interaktiven Fahrerassistenzfunktion zur sicherheitsoptimierten Längsführung von E-Fahrzeugen im Stuttgarter Fahrsimulator*; In: 5. AutoTest, Stuttgart; 2014

[130] Rothermel, T.; Pitz, J.; Reuss, H.-C.: *Abschätzung der Fahrerakzeptanz und Online-Parameteradaption für eine Semiautonome Längsführungsassistenz mithilfe von Fuzzy-Inferenz*; In: 7. VDI/ VDE Fachtagung AUTOREG - Auf dem Weg zum automatisierten Fahren, Baden-Baden; 2015

[131] Richter D., Heindel M.: *Straßen- und Tiefbau*; 10; Teubner; 2008; 978-3-8351-0057-2

[132] Forster Y., Paradies S., Bee N.: *The third dimension: Stereoscopic displaying in a fully immersive driving simulator*; In: Proceedings of Driving Simulation Conference 2015, Tübingen; 2015

[133] Klüver M., Herrigel C., Preuß S., Schöner H.-P., Hecht H.: *Comparing the Incidence of Simulator Sickness in Five Different Driving Simulators*; In: Proceedings of Driving Simulation Conference 2015, Tübingen; 2015

[134] Venrooij J., Pretto P., Katliar M., Nooij S. A. E., Nesti A., Lächele M., de Winkel K. N., Cleij D., Bülthoff H. H.: *Perception-based motion cueing: validation in driving simulation*; In: Proceedings of Driving Simulation Conference 2015, Tübingen; 2015

[135] Hartung J., Elpelt B., Klösener K.-H.: *Statistik*; 15; Oldenburg Wissenschaftsverlag GmbH; 2009; 978-3-486-59028-9

[136] Sachs L., Hedderich J.: *Angewandte Statistik*; 12; Springer; 2006; 3-540-32160-8

[137] Kessler W.: *Multivariate Datenanalyse*; 1; WILEY-VCH Verlag GmbH & Co. KGaA; 2007; 978-3-527-31262-7

[138] Albert R.: *Empirie in Linguistik und Sprachlehrforschung*; 1; Gunter Narr Verlag; 2002; 3-8233-4985-6

[139] Bortz J.: *Statistik für Human- und Sozialwissenschaftler*; 6; Springer; 2005; 3-540-21271-X

[140] Claußß G., Finze F.-R., Partzsch L.: *Grundlagen der Statistik*; 6; Verlag Harri Deutsch; 2011; 978-3-8171-1879-3

[141] Fantapie Altobelli, C.; Hoffmann, S.: *Grundlagen der Marktforschung*; 1; UVK Verlagsgesellschaft mbH; 2011;978-8252-3466-9

[142] Colombet F., Fang Z., Kemeny A.: *Pitch tilt rendering for an 8-DOF driving simulator*; In: Proceedings of Driving Simulation Conference 2015, Tübingen; 2015

Anhang

Filterkoeffizienten

Längsrichtung:

% Generated by MATLAB(R) 7.13 and the Signal Processing Toolbox 6.16.

%

% Generated on: 20-Nov-2015 11:20:47

%

% Coefficient Format: Decimal

% Discrete-Time IIR Filter (real)

% -------------------------------

% Filter Structure : Direct-Form II Transposed, Second-Order Sections

% Number of Sections : 2

% Stable : Yes

% Linear Phase : No

SOS matrix:

1 -1.9997894539808143 1 1 -1.994293108470222 0.99446571027700403

1 1 0 1 -0.96929116204054833 0

Scale Values:

0.81978185790346036

0.015354418979725788

Querrichtung Filter 1:

```
%
% Generated by MATLAB(R) 7.13 and the Signal Processing Toolbox 6.16.
%
% Generated on: 20-Nov-2015 11:23:18
%
 % Coefficient Format: Decimal
 % Discrete-Time IIR Filter (real)
 % -------------------------------
 % Filter Structure    : Direct-Form II, Second-Order Sections
 % Number of Sections  : 1
 % Stable              : Yes
 % Linear Phase        : No
 SOS matrix:
 1  1  0  1  -0.96146221319603287  0
 Scale Values:
 0.019268893401983615
```

Querrichtung Filter 2:

```
%
% Generated by MATLAB(R) 7.13 and the Signal Processing Toolbox 6.16.
%
% Generated on: 20-Nov-2015 11:24:19
%
 % Coefficient Format: Decimal
 % Discrete-Time IIR Filter (real)
 % -------------------------------
```

% Filter Structure : Direct-Form II, Second-Order Sections

% Number of Sections : 3

% Stable : Yes

% Linear Phase : No

SOS matrix:

1 -1.9991162406581557 1 1 -1.9930256542693405 0.9937899185845287

1 -1.9976871148342463 1 1 -1.9638338364674015 0.96545760261802493

1 1 0 1 -0.92672620965971553 0

Scale Values:

0.8647878206225289

0.70205221368791337

0.036636895170142299

Interpolation

Nach der Übertragung eines Signales ist auf der Empfängerseite praktisch immer eine Filterung notwendig, um Rauschen, Artefakte oder fehlende Informationen zu verhindern. Durch eine solche Tiefpassfilterung kommt es zu zeitlichen Verzögerungen des Signales. Stehen neben dem Signal selbst noch weitere Daten zur Verfügung, die von dem betrachteten Signal abhängen, kann statt einer Filterung eine Interpolation erfolgen. In der vorliegenden Arbeit wird dazu das in Abbildung A.1 dargestellte Element verwendet.

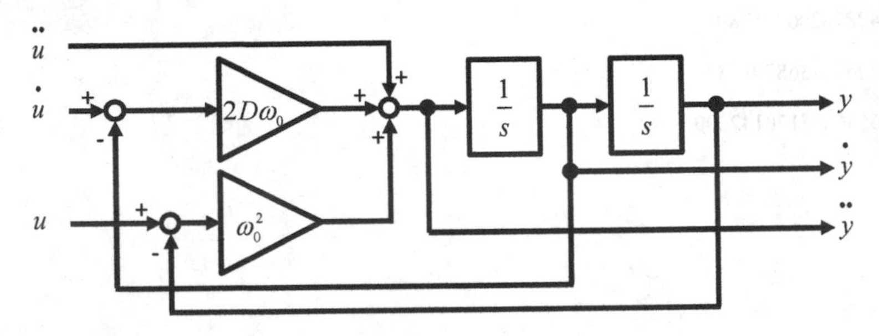

Abbildung A.1: Interpolation im Zeitbereich

Dieses gleicht in seiner Struktur einem Tiefpassfilter zweiter Ordnung (vgl. Kapitel 2.5.2). Es verfügt über drei Ein- und Ausgänge, welche jeweils das Signal selbst sowie deren ersten beiden zeitlichen Ableitungen repräsentieren. Sind die Eingangssignale konsistent, entsprechen sich die Ein- und Ausgänge. Bei Unterschieden wird eine Interpolation durchgeführt. Durch die Wahl der Parameter wird der Einfluss der Eingangsgrößen gewichtet.

Wird nur der Eingang u verwendet, verhält sich das Element wie ein Tiefpassfilter zweiter Ordnung.

Simulator Sickness Questionnaire

Fragen zu Ihrem allgemeinen Wohlbefinden: Bitte kreuzen Sie an, ob und wenn ja wie stark, die folgenden Symptome auf Ihren aktuellen Zustand zutreffen.					
		gar nicht	etwas	mittel	stark
1	Allgemeines Unwohlsein	☐	☐	☐	☐
2	Ermüdung	☐	☐	☐	☐
3	Kopfschmerzen	☐	☐	☐	☐
4	angestrengte Augen	☐	☐	☐	☐
5	Schwierigkeiten, scharf zu sehen	☐	☐	☐	☐
6	erhöhte Speichelbildung	☐	☐	☐	☐
7	Schwitzen	☐	☐	☐	☐
8	Übelkeit	☐	☐	☐	☐
9	Konzentrationsschwierigkeiten	☐	☐	☐	☐
10	Kopfdruck	☐	☐	☐	☐
11	verschwommenes Sehen	☐	☐	☐	☐
12	Schwindel (geöffnete Augen)	☐	☐	☐	☐
13	Schwindel (geschlossene Augen)	☐	☐	☐	☐
14	Gleichgewichtsstörungen	☐	☐	☐	☐
15	Magenbeschwerden	☐	☐	☐	☐
16	Aufstoßen	☐	☐	☐	☐

Abbildung A.2: Fragebogen

SSQ nach demografischen Kriterien

In Abbildung A.3 sind die Antworten der Probanden auf die Fragen des SSQ nach den beiden Versuchstagen der in Kapitel 6.1 beschrieben Studie nach Geschlecht und Altersklassen aufgeschlüsselt. Aus Abbildung 6.1 geht hervor, dass die Größe der Stichproben in den einzelnen Kategorien zu klein ist für eine statistische Absicherung.

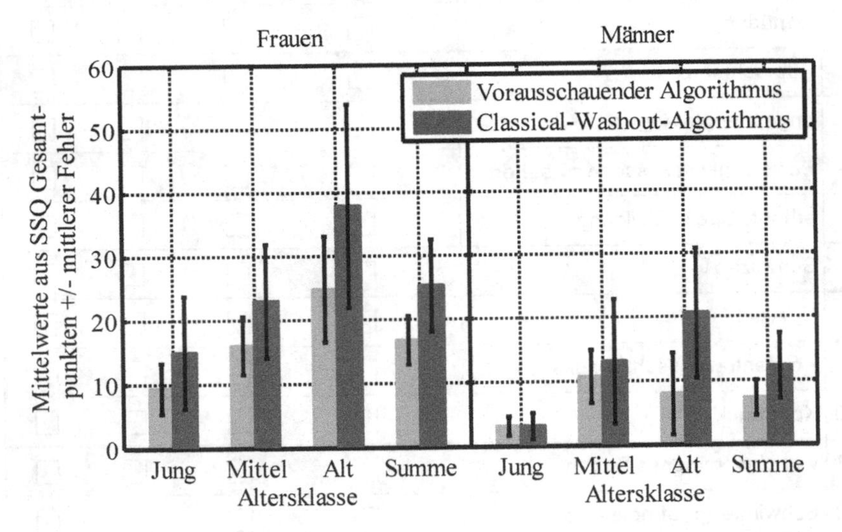

Abbildung A.3: Ergebnisse der Auswertung des SSQ nach demografischen Kriterien

Dennoch geht aus Abbildung A.3 eine gewisse Tendenz hervor, welche Personengruppen mutmaßlich anfällig sind für die Simulatorkrankheit. Es unterstreicht die Notwendigkeit, für Untersuchungen bezüglich der Bewegungsdarstellung mit einem Simulator ein breites Personenspektrum zu betrachten.

Für Studien, die keinen demografischen Querschnitt erfordern, kann es dagegen die Ergebnisse verbessern, wenn die Grundgesamtheit auf Personengruppen reduziert wird, die weniger häufig Symptome der Simulatorkrankheit zeigen.

Technische Daten iMAR iDIS-FMS

Technische Daten der verwendeten IMU aus [100].

Messbereich	$\pm 450\ °/s$	$\pm 5\ g$
Sensorgenauigkeit	$1\ °/h$	$< 1\ mg$
Rauschen	$< 0{,}1\ °/\sqrt{h}$	$< 50\ \mu g/\sqrt{Hz}$
Auflösung	$< 0{,}001\ °$	$< 50\ \mu g$
Linearitätsfehler	$< 0{,}03\ \%$	$< 0{,}03\ \%$

Printed in the United States
By Bookmasters